1章

人間といい距離で暮らす

撮影:永井陽二郎　絵:『梅園禽譜』より

撮影:NPO法人札幌カラス研究会 中村眞樹子
絵:『梅園禽譜』より

2章

日本人から愛されて

撮影:永井陽二郎　絵:『梅園禽譜』より

撮影:谷修二
絵:『梅園禽譜』より

3章

水辺でなごむ

撮影:佐藤慶太郎　絵:『豊文禽譜』より

撮影:永井陽二郎　絵:『華鳥譜』より

4章 気がつくとそこにいる

撮影:永井陽二郎　絵:『蘭山禽譜』より

撮影:永井陽二郎　絵:『啓蒙禽譜』より

※作中の絵はすべて国会図書館所蔵

身近な鳥のすごい事典

細川博昭

Q038

はじめに

日本人は古代から、ごく自然に、身のまわりに鳥がいる環境で暮らしてきた。

鳥は日本人にとって、四季の訪れ、雪や嵐、月や星などとおなじくらい、そこにあってあたりまえの存在だった。鳥と日本人が織り上げてきた歴史にふれるたびに、「花鳥風月」という言葉に鳥の名があるのは、ある意味、必然だったと思えてくる。

昔の日本に生きた人たちが、身のまわりの鳥にどんな目を向け、鳥たちとどんな接点をもって暮らしていたのか知ることで、華やかさや穏やかさだけでない、「生きた鳥」の姿と、そうした鳥と日本人との関係が見えてくる。それは、日本人の心の底にあるものを知って、日本人とはどんな人たちだったのかを知るための絶妙な情報でもある。

特定の鳥に対する意識について、なにが変わり、なにが今もおなじなのか知ることで、過去に生きた人々と現代人では、心の中のなにが変わったのかも知ることができる。

人を映す「鏡」として鳥を見ると、鳥にも人間にも、またちがった面が見えてきて、あらためて興味深く感じられる。これが「文化誌」に関わるひとつの面白さだと思っている。

また、過去の鳥についての出来事や描かれた絵にふれることで、バードウォッチャー視点で、過去の人々が見て、感じた鳥の印象を再トレースできることもまた面白い。鳥の名前は、いつ、どうやってつけられたのか。江戸時代につくられたいくつもの鳥図鑑が、それらの鳥をどう解説してきたのか。そんなことを知るのは楽しいし、当時の解説書の隅に書かれた些細な情報に触れることも、新たな興味につながってくる。

今回、執筆中に、あらためて興味深く感じたことがある。それは、鳥の大きさの表記についてだ。現在、図鑑等で鳥の大きさを説明するとき、「スズメ大」、「スズメより大きい、小さい」、「ハト大」など、スズメやハトを基準にして説明することも多い。よく知る鳥と比較することで、読者に具体的な大きさをイメージしてもらいやすくするためだ。

江戸時代の図鑑（当時は図譜）でも、そっくり同じことをしていたと言ったら驚くだろうか。実は、当時の鳥の図鑑や解説書などの説明にも、「大きさ、雀におなじ」などの文章があった。考えることは同じで、さらにはそれが実用的であったことから、今も同じことが続けられているということになる。

本書は、はるかな昔から日本人のそばにいた、およそ35種の鳥にスポットを当てて、それぞれの歴史上の立ち位置や日本人との関わりを文化誌の視点からまとめてみたものだ。本書を通して、身近な鳥の新たな一面を見つけていただけたら幸いである。

【本書の解説についての補足】

鳥について解説をする際、その独特な生態や行動から、ほかではあまり使われない表現や解説のきまりごとがあるので、先に簡単にその説明をしておこう。

まずは「渡り」のこと。春に日本に渡ってきて子育てをして、秋に越冬地となる東南アジアなどに帰る鳥を「夏鳥」と呼び、冬場にシベリアなどの北の繁殖地から渡ってきて日本で越冬する鳥を「冬鳥」と呼ぶ。「旅鳥」は渡りの途中で日本に立ち寄り、食事や休憩をして、それからまた北や南に飛び去っていく鳥だ。「迷鳥」は台風などの影響で、本来の生息地や繁殖地から飛ばされて、意図せずに日本にやってきてしまった鳥をいう。

一方、「留鳥」は一年中国内に留まり、繁殖も日本で行う鳥。「漂鳥」は、季節にあわせて日本国内を移動する鳥を指す。

本書では、それぞれの鳥について体長の数値も添付したが、鳥の体長は、クチバシの先端から尾の先までを測った長さをいう。尾の長い鳥は大きな体長が示されてしまうため、体幹がコンパクトな鳥では少し違和感をおぼえてしまうこともある。ツルなどの背の高い鳥は、首を伸ばして立ったときの頭頂までの高さ「体高」を合わせて表示することもある。

●目次

1章　人間といい距離で暮らす

2章 日本人から愛されて

3章 水辺でなごむ

4章 気がつくとそこにいる

1章 人間といい距離で暮らす

ハトが秘めている驚異的な能力

ドバト（堂鳩）

ドバトは本当に世界のどこにでもいる。ニュージーランドでも、アメリカの東海岸でも、ふつうに歩いていた。日本でも、駅や神社に行けば、かなりの確率で遭遇する。気がつくと、家のベランダで子育てしていることさえある。

ドバトは、もともとは地中海沿岸から中東、インドにかけて生息していたカワラバトを品種改良して生み出された。そのため、自然界にドバトという種は存在しない。そして日本を含め、もともとの生息地以外の場所で暮らすドバトは、すべて移入種（いにゅうしゅ）である。

家禽化（かきんか）されたカワラバトは何度も人間のもとを逃げ出し、野生の仲間のもとに帰っては交配を繰り返した。しばらくするとまた別のグループが家禽化され、そのうちの一部から大部分がまた逃げる。その繰り返しが二千年以上も続いた。その過程も、彼らの分布を拡げることに大きく関与・影響した。

人間が愛玩目的以外で飼育してきた鳥には、ニワトリやアヒル（＝マガモ）、タカやウなどがいるが、カワラバトを中心とするハトとの関係もまた、とても長い。

風雨も回避できる安全な場所として、人間がつくった建物などが有用だとわかると、カワラバトはそこに住み着くようになった。ほどなく、そうした建物が巣やねぐら（塒）となっていくわけだが、帰巣本能があるため、そこで生まれ育ったハトもまたおなじ場所で暮らすようになる。ただ、あまりにも増えすぎて生息が過密になると、一部は近くで住みやすい場所を探す。こうして人間と関わって暮らすエリアが広がっていった。いつしか、ハトが自分たちの役に立つことを知った人間が、積極的に「飼う」ようになって今に至る。

通信手段としてのハト

ハトがもつ帰巣本能の利用は、ある種の逆転の発想の賜物（たまもの）だったのだろうと思う。

住み着いたハトが増え、その鳴き声や糞（ふん）などに困った人間が、「殺すのはしのびない。遠くで放せば、そこで暮らしてくれるだろう」と考え、それなりの距離があった場所にハトを置いてきたとする。しかし、安堵しつつ帰宅してみたら、なんとハトは自分よりも先に家に帰り着いていた――。その驚きは、容易に想像することができる。

どんなに遠くに捨てても戻ってきてしまうハト。「もしかしたら、この性質は使えるかもしれない！」と考えた人物がいて、伝書鳩は始まったと考えられている。

そんな伝書鳩の起源は、古代のメソポタミアにあったらしい。バビロニアでは伝書鳩の通信網が都市を結んでいたという話もある。その後、ローマ帝国が広い領土内の情報伝達手段として、また軍事連絡手段として、カワラバトを改良した伝書鳩を利用した。

電気を使った通信技術が発明されるまで、伝書鳩による伝達が最速の通信手段だったため、ハトによる通信はヨーロッパを中心に長く利用されることとなった。

日本にドバト（カワラバト）が渡来したのは、飛鳥時代かその前後で、遣隋使や遣唐使が帰国した際、ネコなどとともに中国から連れて来られたのがその起源とされる。

ただし日本では、江戸時代中期以前に伝書鳩を利用した例はほぼ見られない。当時、日本にいたのは伝書鳩が再野生化した「ただのドバト」であり、さらに「ハトが情報を伝える手段となる」という事実もあまり伝わってはおらず、その有用性を知らなかったためだ。日本で伝書鳩が利用されるのは、18世紀の後半以降となる。

天明3年（1783年）3月4日付の「大坂町奉行触書（おおさかまちぶぎょうふれがき）」によれば、幕府の許可のもと、大坂で米市場の運営に携わっていた相模屋又市（さがみやまたいち）という商人が、伝書鳩を使って違法に米相場の情報を伝達した旨で幕府に捕縛され、処罰されている。ハトの足に、米相場の上下動

キジバト。本草画家でもあった旗本、毛利梅園がみずから描き編纂した図譜『梅園禽譜』（1840年ごろ）より。国立国会図書館収蔵

の情報を書いた紙をくくりつけて放したのだという。

相場で儲けようとするなら、だれよりも早く相場の変動情報をつかみ、関係者に知らせることが大事となる。それにハトを使うことを思いついたのは、この商人の慧眼といえる。

この時代、大坂や堺の商人は、出島のオランダ商館とつきあいがあったことから、そうした相手から「伝書鳩」のことを教わる機会があったのだろう。また、伝書鳩は日本では作出（さくしゅつ）されなかったため、ハトの入手自体も長崎のオランダ人からだったと推察される。

奇しくも、相模屋又市が伝書鳩を使った時期を境に、欧州を中心に、記録として残る伝書鳩利用の例が増えてくる。獄中のフランス王妃マリー・アントワネットが伝書鳩を使って外部と連絡を取ったのは相模屋又市事件の9年後であり、ナポレオンが撃破されたワーテルローの

戦い（1815年）の結果を、伝書鳩を使って最速で入手することに成功したロスチャイルドが巨万の富を手にするのは、又市捕縛の32年後のことである。

鎌倉時代にハトレース？

手紙や書き付けこそ運ばないものの、18世紀以前の日本でも、ドバトの帰巣本能を利用したいわゆる「ハトレース」が行われていた可能性がある。

藤原定家（ふじわらのていか）の日記である『明月記（めいげつき）』の承元2年（1208年）9月28日の条には次のような文章が見える。

「近年天子、上皇皆鳩を好みたまふ、長房卿保教等もとより鳩を養ひ、時をえて馳走す」

ここにある「馳走」は食べ物を供することではなく、文字どおり「競争する」の意味だ。承元2年に、それぞれが飼っているハトを持ち寄っての「ハトレース」が行われたと解釈できる。おなじく『明月記』の建暦2年（1212年）7月10日の条には「鳩合（はとあわせ）」の記載があり、ハトを飛ばせて速さを競うことを、当時は「鳩合」と呼んでいたと推測される。

これが事実だとすると、日本で初めて行われたハトレースとされる明治9年（1876年）の記録は「初」ではなかったわけで、初レースは一気に670年も遡ることになる。

ハトが「伝書使」になれた理由

世界でいちばん安全な場所と信じる「自宅」に戻って眠りたいという衝動がハトの心にはあり、それを帰巣（きそう）本能と呼んでいるが、帰巣が可能になるには、いくつかの特別な才能が必要となる。帰りたいという気持ちだけで家に帰れるわけではない。

はっきり言うと、ハトにはほかの鳥にはない特別な資質がある。私たち人間は、その事実を知らないまま、ハトを利用し続けてきたことになる。

鳥の目と脳には、磁気を感じるセンサーが備わっている。それによって地磁気の方向がわかり、どちらが北でどちらが南かを感覚的に知ることができる。渡り鳥の多くはもちろん、ハトにもそれがわかる。また、渡り鳥は、太陽や星の角度から向かう方向を知り、迷わず目的地に向かうことができるが、ハトもそれを利用する。

加えてハトは、高い記憶能力と視覚処理能力をもっている。

一度通った場所は、山や木や建物などを目印（＝ランドマーク）として記憶することがハトにはできる。重要な情報は忘れることなく、脳に留めておくことができるのだ。

また、大きな建物や木などをランドマークとして活用する際は、1、2度それを見ただけで、ちがう角度、ちがう高さからそれを見ても、同一の物体だと理解できる。たとえば、スカイツリーも都庁も、どこから見たとしても、それがスカイツリーであり都庁であると、ハトは瞬時に理解できる。また、樹木や建物の一部だけを見て、それがなんなのかを正確に判断することもできる。

通った道を正確に記憶して、細かい情報をもとに、あとから思い出して正しい道を選択するのに、人間は脳の中の「海馬（かいば）」を活用する。ハトもまったくおなじだ。

海馬は日常的に使い続けると肥大してきて、肥大することで、より高度に機能するようになる。まだカーナビのない時代、ロンドンでタクシー運転手の海馬を調べる実験が行われ、よく道を知る運転手ほど海馬が大きくなっていることが事実として確認されている。

もちろん、野生のカワラバトと、伝書鳩として代々飼育されてきたハトの脳を比べると、伝書鳩の方が明らかに、はるかに海馬が大きい。だからこそ、千キロメートル以上も離れた場所から、自分の家に帰ってくることができるわけだ。つまり、家禽となったカワラバトの「伝書鳩化」とは、帰巣に必要な能力を引き上げるための、脳を含めた種の改良の結果だったことになる。

加えて、あと2点、ハトには秘めた特別な能力がある。ひとつめは、「ハトは匂いがわかる」ということ。嗅覚が弱いと信じられている鳥類だが、ハトには特別強い嗅覚が備わっている。その能力を使ってハトは、特定の土地の「匂い」を感じ取っている。もちろん、嗅いだことのある匂いは、その土地のランドマークと重ねるかたちで完璧に記憶される。

海辺や、特定の樹木が繁った山の上空には、その土地ならではの匂いがある。特定の工場がある場所では、空気の匂いが変わる。すべての町にはその町ならではの匂いがある。飛行しながら場所ごとの匂いの情報も脳に刻むことで、ハトは正確な帰路をたどるための手助けにしているのだ。

また、ハトは敏感な大気圧センサーももっている。ある高さから10メートル上昇した位置、10メートル下降した位置の、ごくわずかな気圧のちがいがハトにはわかる。当然、低気圧が近づけばそれを察するし、前方に雨雲があって気圧が低くなっていることも、飛びながらつかむことができる。こうした高度なセンサー類を組み合わせて使うことで、ハトは確実に家へと帰っていたのである。

ハトの日本での暮らし

ドバト（カワラバト）は、縄文時代～古墳時代までの日本には存在しなかった。いたのはキジバトやアオバトなどの森林性のハトのみだ。

はと、の名前は奈良時代からあった。もともと日本にいたハトと輸入されて帰化したハトを分ける意味合いから、キジバトやアオバトなど、以前から日本の野山で暮らしていたハトを「やまばと」、神社仏閣などを中心に暮らすドバトを「いえばと」と呼ぶようになったのは平安時代のこと。漢字も使い分け、「やまばと」には「鳩」を、ドバトには「鴿」の文字をあてるようになった。

ドバト。本草画家・服部雪斎が描いた図譜『華鳥譜』(文久元年・1862年)より。国立国会図書館収蔵

ドバトの古称は「塔鳩」で、やがて「堂鳩」の字も使われるようになる。多くが神社仏閣の塔やお堂に住んでいたためだ。やがて、今につながる「土鳩」も使われるようになる。

一方の「やまばと」だが、見目も行動もちがうことから、江戸時代になるとそれぞれ、キジバト(雉鳩)、アオバト(青鳩)と呼ばれるようになって現在に至る。

なお、ハトにとって吉宗以降の江戸時代は受難のときとなった。鷹狩りが盛んになるにつれ、そのエサや訓練用の鳥としてハトの需要が高まり、各地で大量捕獲されることになったからだ。浅草の浅草寺のハトまでが捕獲されかかって、寺が慌てたという記録も残る。

現代はそうした危機は解消されたが、ハトにとっては新たに憂慮すべき事態も起こりつつある。住み処を追われたハヤブサが、都市周辺に定住しはじめたからだ。つけねらう猛禽が近くで暮らすことになって、都市はハトにとって少しだけ危険な場所となった。

世界のあらゆる場所に生息する、だれもがよく知る鳥。撮影:神吉晃子

ドバト（カワラバト）

ハト目ハト科　　留鳥

鳴き声:クックー、ポッポー、グルッポー、など

体長:33cm。アオバト、キジバトもおなじ体長。

カワラバトの原種や、それに近いドバトは体全体が青灰色で、翼に黒灰色の2本の線をもつ。首まわりには、緑と紫の金属光沢のある羽毛がある。羽毛パターンの突然変異が起こりやすく、またそれが定着しやすかったため、現在は白色、茶色、黒色など、野生でもさまざまな色合い、柄の鳥がいる。

原種のカワラバトは地中海沿岸から中央アジアに暮らしていたが、再野生化したドバトは南米、南極を除いた世界の各地に見る。

神の遣いにして、恋の鳥

ハシボソガラス(嘴細鴉)とハシブトガラス(嘴太鴉)

カラスの印象は、時代によって大きく移り変わってきた。今でこそ「不吉な鳥」のイメージが強いが、はるかな古代――神話の時代は「神の遣い」であり、少しだけ時間が進んだ万葉のころは、ある意味において「恋の鳥」でもあった。

カラスは身近な鳥のなかでは最大級に大きい。大きいからこそ、鮮明な印象も残す。その大きなクチバシが目の前にあり、こちらに向いていると、少し怖いと感じることもある。そうした外見や、祖先から伝え聞いた神秘性などから、古代に生きた人の中にも、カラスに対して恐怖や畏怖(いふ)を感じていた人はいたにちがいない。しかし、多くはカラスに対して好意的で、古い時代の日本人はカラスに対して悪い印象をあまりもってはいなかった。

カラスのイメージが変わるのは、国の支配権をめぐって大きな戦(いくさ)が起こるようになったり、海外との交流が増えた結果、国内に疫病(えきびょう)(伝染病)が流行ったりするようになってか

ハシボソガラス。『梅園禽譜』より

らのこと。

　多くの人が死に、処理しきれない野の死体をカラスがついばむ姿を見たとき、もっていた印象が１８０度変わってしまった人も多かったことは想像にかたくない。カラスがしていたのは、人々の心に浸透しはじめた仏教の教えに反する「悪」の行為でもあったからだ。

　カラスの姿や声が「人の死」と結びついて記憶されるにつれて、「縁起の悪い鳥」と感じる人も増えていった。明治時代以降、西洋との思想的な交流が深まってくると、西洋人が感じるカラスの不気味さも伝えられ、もともと日本にあった「負のカラス観」とも融合して、カラスの悪い印象はさらに強いものとなって固定化されていった感がある。

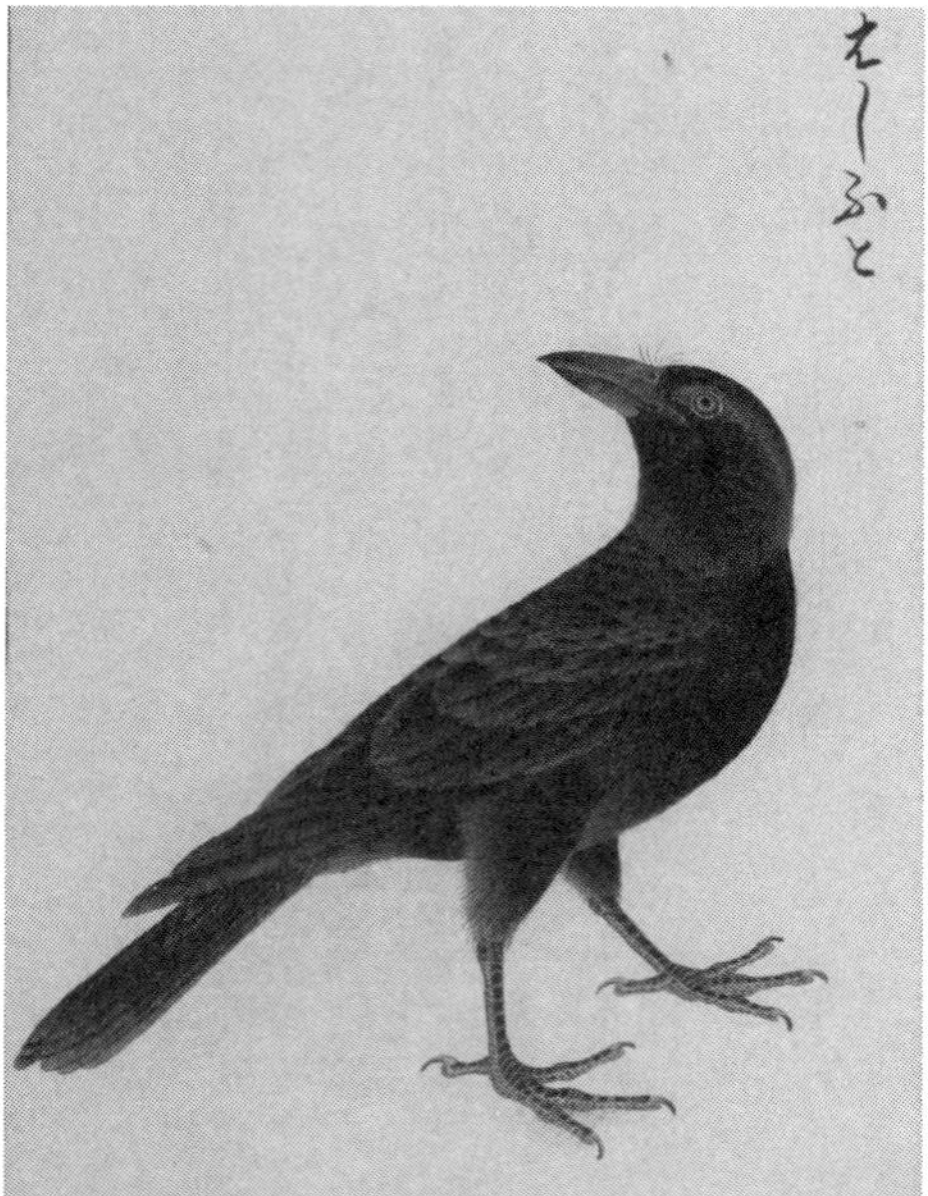

ハシブトガラス。『華鳥譜』より

その一方で、カラスの羽毛色が注目され、紫烏色（しうしょく）、烏羽色（からすばいろ）、烏の濡羽色（ぬればいろ）（濡烏（ぬれがらす））など、独特な色も生まれた。これらは中立的な視点でカラスを見つめることでつくられた、日本文化の一端（いったん）をなす日本独自の色である。

どんなにカラス観が変化しても、こうした色が悪評価されることはなく、女性の髪を褒めるときなどに肯定的に使われることが多かった。

はじまりは八咫烏（やたがらす）

八咫烏は、神武（じんむ）天皇が東征する際、その行軍を導くために高天原（たかまがはら）が遣わした巨大なカラスだ。『古事記』や『日本書紀』には、人語を話す、知性の高い存在として描かれている。「咫」は、もともとは長さの単位で、ひろげた大人の手の「親指から人指し指」までの長さを基準とした。1咫はおよそ12センチメートルに相当し、八咫では約1メートルとなる。なので、実際の「八咫」はそれほど大きなサイズではない。

ちなみにクチバシの先から尾の先端までを測った「体長」を見ると、日本でよく見るハシボソガラスとハシブトガラスは、それぞれ50センチメートルと57センチメートル。八咫烏の八咫が仮に体長だった場合、よく見るカラスの2倍弱、ということになる。翼の長さ「翼長」だったとしても、ふつうのカラスの3倍前後なので、やはり「巨大」とまではいえない。

この点について、八咫烏の「八咫」は、実際の数値を示しているのではなく、「たくさんの神々」＝「八百万の神々」というように、ほかのものよりも大きいという差別化のために示されたものだと主張する説があるが、確かにこの説の方が信憑性が高いように思う。

だとすると、少し飛躍した解釈もでてくる。

日本で目にするカラスには、ハシボソガラスとハシブトガラスのほかに、少し体が小さいコクマルガラスと、ひとまわり大きな体躯のワタリガラスがいる。

英名でカラスは「クロウ（crow）」だが、通常のカラスよりも大きなワタリガラスはカラスの中でも別枠扱いで、特別に「レイヴン（raven）」と呼ばれる。

イギリス王室の守り神のような存在として、ロンドン塔でワタリガラスが飼育されていることを知っている人もいるだろう。

ちなみに北欧神話の主神であるオーディンの肩にいる「フギン」と「ムニン」という名の2羽のカラスはワタリガラスで、オーディンは高度な知恵と判断力をもつ彼らを野に放ち、日々、さまざまな情報の収集にあたらせているという。

日本神話とギリシア神話には結びつきがあり、近いエピソードも存在する。一方で、北欧神話とはあまり接点はないと考えられているが、古代にも東洋と西洋のあいだで意外に多くの情報のやりとりがあったことから、共通する印象が培われた可能性はある。

西洋的なワタリガラスのイメージが、なんらかのかたちで日本や中国に伝わっていた可能性もゼロとはいえないのだ。

そうした背景を考えると、八咫烏の正体はワタリガラスやその突然変異種であった可能性もあるのでは、とも考えてしまう。意外に符合するようにも思えるのだがどうだろうか。

今、中国の名が出たので少しだけふれておくと、古代の中国の神話では、太陽の中には三本足のカラスが住むとされ、神聖視された。「三本足」を八咫烏と関連づけて記憶している人も多いが、『古事記』などに綴られた八咫烏に三本足の記述はない。日本サッカー協会のエンブレムなどで八咫烏が三本足に描かれるのは、古代中国の神話の影響である。

なお、和歌山県の熊野本宮大社（くまのほんぐうたいしゃ）の厄除けの護符「牛玉法印（ごおうほういん）」がカラス文字で書かれていることは、近畿圏を中心によく知られている。熊野大社で祀られるカラスは神話の八咫烏の流れを汲み、古い時代から続くカラス信仰、カラス観を現代に伝えているものだ。当然、そのイメージにネガティブな印象はない。

カラスが「恋の鳥」だった時代

日本最古の歌集『万葉集』の中にあるカラスの歌は4首。この時代はまだハシブトガラス、ハシボソガラスの区別はなく、ただ「可良須（からす）」とだけ記されている。

そこに、次のような歌がある。

「可良須とふ　大をそ鳥の　まさでにも　来まさぬ君を　ころくぞと鳴く」

ざっくり訳すと、「あわて者のカラスという鳥が、本当はいらっしゃってもいないのに、『ころく』、『ころく』と鳴いている（鳴いて私に知らせている）」という意味になる。

鳴き声を表現する擬声語は時代によって大きく変わるが、万葉のころ、カラスの鳴き声は「カーカー」ではなく、人々の耳に「ころく」と聞こえていたことが、ここからわかる。「ころく」を漢字で表現すると「児ろ来」。「児ろ」は愛しい人、恋人を意味する。つまりこの時代の人々（特に女性）には、カラスの声が「愛しい人がやってきた」と告げているように聞こえていたらしい。

万葉人（まんようびと）にとってカラスの声は、決して不吉なものではなく、特に自宅で恋人の到着を待っている女性には、明らかにカラスの声なのだから錯覚とはわかっていても、「あなたの愛しい人がやってきたよ！」と高い場所から告げてくれる「先触れ」のような声に聞こえていたことを、こうした歌が教えてくれる。時代の背景がちがうと、特定の鳥に対してここまで異なる印象をもつものなのかと、興味深くも不思議に思う。

『万葉集』にはほかにも、当時の人々がカラスに対して抱いていたイメージがわかる興味深い歌がある。作者未詳の女性のものだが、こんな歌だ。

「暁と　夜烏鳴けど　この山上（おか）の　木末（こぬれ）の上は　いまだ静けし」

この歌は、「夜明けが来たとカラスが告げるけれど、山頂にも近いこの場所はまだまだ静かです。だから、まだ帰らないでください！」と訳すことができる。

夜明けを告げる鳥といえば、古代からそうした存在だったニワトリがまず浮かぶ。通い婚であった当時、未明に鳴くニワトリの声は、愛しい相手が自分のもとから去る時刻を告げる「悲しい報せ」でもあったが、この時代は、どうやら朝に聞こえるカラスの声も同様のものであったらしい。また、ニワトリがいない山の上の家では、朝を告げる存在は、ニワトリではなくカラスだったという事実も、この歌が教えてくれている。

実は、カラスが朝を告げるということには、裏付けとなる科学的なデータも存在する。1990年に行われた調査によると、日の出の時刻を軸に、夜明け前、野鳥が鳴き始める時間を調査したところ、一年を通じてハシブトガラスがもっとも早いという結果が出た。

万葉人にとって、夜明けに鳴くカラス「明烏（あけがらす）」は、恋人が去る時間を告げる悲しい存在だった。「ころく」と聞こえたその鳴き声と合わせて考えると、飛鳥時代やそれ以前の人々にとってカラスは、ある意味「恋の鳥」だったのだと、あらためて実感することができる。

カラスが鳴くと火事が起こる？

肉も食べる雑食の鳥なら、動物の死骸（しがい）が目の前にあれば、それを食べるのはごく自然なこと。海鳥が打ち上げられたクジラやアザラシの肉を食べるように、そこに死体があれば、雑食のカラスはクチバシをつきたてる。それがシカやイノシシの肉でも、人間の肉でも、カラスにとってはなんのちがいもない。

だが、人間にとっては、戦や疫病で倒れた者を鳥がついばむのを見るのは、けっして快いものではない。どうしても心がざわついてしまう。まして、無数のカラスが屍肉に群がる姿は見るに堪えないものだっただろう。

その状況に怒りを感じ、無意識にカラスに対して復讐の念を抱いた人もいたと想像する。人の道として忌避(きひ)すべきことをしているカラスを、忌まわしい存在と見るようになるのもしかたがないことではあった。

そんなカラスについて、長くいわれてきた言葉に、「カラスが鳴くと死人がでる」というものがある。これは完全な俗信であり、先に挙げたような死体に群がるカラスや、墓場で群がるカラス、「不吉な鳥」から逆連想されてできたものだ。

ただ、カラスについてふれることわざには、事実の裏付けや科学的な根拠があるものも実は多い。たとえば、「夜、カラスが鳴くと火事が起こる」という言葉もそうだ。

脳が発達したカラスは総じて好奇心が強く、さまざまなことを「やってみたり」する。さらには、ハシボソガラスやハシブトガラスを含め、多くのカラスが身のまわりにあるさまざまなものを使って「遊ぶ」。野生動物が恐れる「火」も、直接それにふれなければ熱くもなく、火傷もしないことをカラスは簡単に学習する。

余った食べ物や余分に得た食べ物を「貯食」する習性があり、ロウソクや石鹸に含まれる「油分」を嗜好品的に食べることのある一部のカラスは、神社やお寺に供えられたロウソクも取ることがある。

１９９０年代後半、京都の伏見稲荷の周辺で何度もぼやが起こってニュースにもなったが、その犯人（犯鳥？）はカラスだった。あとから食べようと思い、まだ火のついたままのロウソクを持ち去って、枯れ草の中などに隠したことが原因だった。

こうしたことのほかに、山火事や野焼きで焼け残った木の切れ端の「燃えさし」が赤く光るのを面白く感じたカラスが、クチバシにくわえて持ち運び、民家の屋根に落としていく例があることが、江戸時代の随筆『筆のすさび』（菅茶山(かんちゃざん)著）などに紹介されている。

こうしたカラスの行動や、伏見稲荷のようなかたちのカラスが原因となった火事は、おそらく江戸時代やそれ以前にも何件も起きていたのだろう。だとすれば、「夜、カラスが鳴くと火事が起こる」ということわざにも、それなりの背景があったと考えることができそうだ。

ハシボソガラスは、「ゴンベ（権兵衛）がタネ撒きゃカラスがほじくる」という言葉のもとになったカラス。撮影:神吉晃子

ハシボソガラス

スズメ目カラス科　　留鳥

鳴き声:ガーガー、ガアァガアァ、などと濁った声で鳴く

体長:50cm。ハシブトガラスよりもひとまわり小さい。近種のミヤマガラスは47cm

全身の羽毛、足、クチバシ、すべてが黒い。ただし、羽毛は完全な黒ではなく、青紫色の光沢がある。これは羽毛表面の分子が光を回折させてつくる構造色によるもの。

ハシボソガラスは、熱帯と北極圏を除いたユーラシア全土に分布。ハシブトガラスよりも植物食の傾向が強い。自動車にクルミを割らせたり、高いところから岩に貝を落として割って食べているのはこちらのカラス。

ハシブトガラス

スズメ目カラス科　　留鳥

鳴き声:カーカーと澄んだ声で鳴く

体長:57cm。ハシボソガラスよりもひとまわり大きい。近種のワタリガラスは63cm

全身の羽毛、足、クチバシ、すべてが黒い。ただし、羽毛は完全な黒ではなく、青紫色の光沢がある。クチバシが太く、額から頭頂部にかけて盛り上がりがあるのが特徴。地上を歩く際は、両足をそろえてピョンピョンと跳ぶ「ホッピング」をよく見る。

日本を含めたアジア東部に生息。Jungle crow という英名が示すように、もともとは森やジャングルのカラスだったが、近年の日本では都市中心部にも多く生息する。

ハジブトガラス。近年は、都市中心部に多く見られる。写真提供:NPO法人札幌カラス研究会　中村眞樹子

スズメがしているのは共生？　それとも依存？

スズメ（雀）

鳥の識別はほとんどできないが、スズメとカラスとハトだけはわかるという人は多い。それだけ、思いつく「小鳥」を並べてほしいといわれて、スズメを挙げる人も少なくない。スズメは日本人にとって身近な鳥だといえる。

ここしばらく世の中の関心が薄れていたものの、２０１０年代になって写真集が数多く出版されるなど、あらためてスズメが注目されるようになった。昔よりスズメが減っているという事実への関心も高まり、そうしたことにふれる書籍や報道も増えてきている。

スズメは神話の時代以降、日本人と寄り添って暮らしてきた。カラスやツバメなど、日本人の暮らしと接点をもつ鳥は多いが、人間との近さという点でスズメはかなり特異的だ。

それがスズメの認知度を高めて、物語で重要な役目を担ったり、さまざまなことわざがつくられるきっかけとなったのも確かである。ほんのわずかであることを示す「雀の涙」や、スズメのように躍り上がって喜ぶ「欣喜雀躍（きんきじゃくやく）」などの言葉も、茶色いスズメの頭から

スズメ。『梅園禽譜』より

「雀茶（すずめちゃ）」という茶系の色が誕生したのも、人々の生活に近い存在だったからこそのこと。

だが、同時にそうした「人間との近さ」が、スズメを減少させる原因となってしまったのも、まぎれもない事実だ。

悪い言葉を使うなら、スズメが築いた日本人との関係は、共生というよりも依存に近い。それゆえスズメの減少にはあまり歯止めがかからず、今後も減り続けることがほぼ確定している。この先、なんらかの理由で日本人が激減するようなことがあったなら、日本のスズメは絶滅に近いところまでいきかねない。それは予言などではなく、想定される未来だ。

晴れてスズメ科が誕生

日本にはスズメ以外にニュウナイスズメという鳥がいる。スズメよりも赤味がかった羽色で、スズメが人間のそばで暮らすのに対し、ニュウナイスズメは林で営巣し、人里で見られることは多くはない。千年前、『枕草子(まくらのそうし)』の「鳥は」の項で紹介された「頭赤き雀(かしら)」はニュウナイスズメのこと。日本に定住するスズメ類は、この2種のみだ。

海外にはイエスズメがいて、強力な繁殖力と伝播力で世界のあちこちに進入し、分布エリアを増やし続けている。日本にもまれに飛来するが、まだ定着したという報告はない。ニュウナイスズメはアジアの一部にのみ暮らし、スズメは広くユーラシアに分布、イエスズメは南極を除いたすべての大陸に分布するようになった。

ちなみにヨーロッパで、人間の暮らしに寄り添って生きているのはイエスズメの方。ヨーロッパのスズメは、日本のニュウナイスズメのように近郊の野山で暮らしている。

スズメの仲間は、かつてはアフリカを中心に生息するハタオリドリ科の仲間に入れられていたが、最新の鳥類分類で独立を勝ち取り、スズメ科となった。スズメが属する大分類がスズメ目だったことを考えると、やっと本来の地位を取り戻したという感じだろうか。

スズメが減った理由

日本でスズメが減ったのは、「人間の生活圏のそばでしか繁殖しない」という特殊な暮らしを選択してしまったことが最大の原因だろう。加えて、環境の変化で、育雛（いくすう）期に雛（ひな）に与えられる食料が減ったことも大きい。結果として、巣が見つからずに繁殖をあきらめるスズメが増え、また巣が手に入ったとしても雛は1羽か2羽。特に都市部では、かつてのように3~5羽の子連れの親を見ることはほとんどなくなってしまった。数が激減したのは、こうした負のサイクルに入ってしまったからだ。

まず、その住居だが、ニュウナイスズメやイエスズメ、海外の同種とはちがい、日本のスズメは森や林には住まない。巣をつくるのも、人間の家の軒下や屋根の雨樋の隙間、雨戸を収納する戸袋の奥などで、飼育動物の厩舎（きゅうしゃ）の屋根なども、かつては盛んに利用された。

弥生時代末から50年前までのおよそ二千年間、スズメにとって巣をつくる場所に困るようなことはなかった。ほとんどが隙間の多い木造建築だったため、巣をつくる場所は、よりどりみどりだった。特に瓦屋根の家は、強い雨風や大雪の際も安心して過ごせて、平和に子育てができる安定した住み処をスズメに提供した。

また、スズメのナワバリ意識はとても低く、わずか50センチメートル先に同種のだれかが巣をつくってもほとんど気にしない。ケンカなどせず、ひたすらそれぞれの子育てに集中する。かつての日本人も鳥に対しておおらかで、家にスズメなどが巣をつくることを容認していた。それどころか、雛が巣立つ姿が見たくて大事にしていた家も多かったのである。だからスズメは、日本人がもっともなじんだ鳥となった。

だが、高度経済成長期のあと、木造の家は減り、巣がつくれる場所も激減する。開発で野原や田畑も減り、雛のエサとなる虫も減ってしまった。農業機械の作業効率がアップして地面にこぼれる穀類が減って、食料事情がさらに悪化した。人間も寛容でなくなった。

こうしてスズメは、数を減らす方向へと舵を切る。日本の人口が1億人を超えたと喜んだ昭和の半ば、スズメの数は日本人の数よりもずっと多かったと考えられている。それがこの20年で、少なく見積もっても半分以下になったと専門家は指摘する。20年前の2割ほどしかいないのではないかという意見さえある。残念ながらこれから先、スズメが暮らしやすい昔のような環境が日本に戻ることはないだろう。

だったらスズメも、人口が減って空き家が増えている地方の町や村をもっと活用すればいいのにという意見もあるかもしれない。だがスズメは、人間を恐れる一方で、人間が住まない家には寄りつかない傾向がある。

ひとつの村が丸ごと消滅し、そこに人間の暮らしがなくなると、巣をつくれる家がたくさん残っていたとしても、スズメはその土地からいなくなってしまう。人間がいないと、ダメなようなのだ。これが、スズメの人間に対する「依存」の実態である。

けれどもスズメは、ビルとコンクリートの町では路頭に迷ってしまう。苦肉の策として、民家の近くにある道路の、地中の水分を外に流すためのパイプの中や、騒がしい交差点の信号機の中にぽっかり開いた空間で子育てしたりもするが、それでも住宅問題への影響はごくわずかで、問題の根本的な解決にはなっていない。

スズメと日本人はどうつきあってきた?

そんなスズメは過去、どのように日本人とつきあってきたのだろう。歴史をざっと追ってみよう。

スズメは少なくとも二千年前には身近な鳥として認識されていたようで、日本神話にもしっかり登場する。地上の支配権を取り戻すべく天上の高天原から派遣された天若日子(アメノワカヒコ)が、高天原を裏切った罪によって死を迎えたあと、妻ら家族とともにその葬儀の中心にいたのは葬送を請け負う鳥たちで、スズメはそこで米をつく碓女(うすめ)の役を与えられていたと、『古事記』や『日本書紀』にはある。

これがスズメという鳥にふれた日本最古の文章となる。しかし、『古事記』や『日本書紀』の編纂時期にも重なる『万葉集』には、なぜかスズメについて詠んだ歌がひとつもない。忌むべき存在とされていたわけではもちろんない。それにもかかわらず、この身近な鳥が歌に登場しないことを不思議に思う専門家も多い。

だが、わずかにときが流れ、平安時代になると、スズメの露出はいきなり増える。世の中のしくみができあがり、貴族が優雅に暮らせる世になったことで、さまざまな遊びや楽しみが生み出されたことが大きかったようだ。

平安貴族は巣からスズメの雛を取ってきて、自分の手で手乗りに育てる「雀の子飼い」を楽しんでいたことが、清少納言の『枕草子』の「心ときめきするもの」の段や、紫式部の『源氏物語』の若紫のエピソードに見える。

典型的な動物の恩返し譚でもある「すずめの恩返し」が載っているのは、鎌倉時代初期（13世紀前半）に成立した『宇治拾遺物語』。小学生くらいの時期に読んだ、「大きな葛」と「小さな葛」を選ばせる話をおぼえている人もいるにちがいない。

その後、国産野鳥を中心とした鳥の飼育が盛んになった江戸時代になると、飼われるスズメも増えて、今でいう手乗りブンチョウのようなポジションも確立した。スズメへの接し方や、エサ、籠のことなど、当時の飼育実態については、江戸時代の鳥の飼育者や鳥屋が書き残した鳥の飼育書や解説書などから詳しく読み取ることができる。

ただ、人間に馴れた鳥との暮らしでは、現代の手乗り鳥が遭遇するような事故も起こっていたようだ。伴蒿蹊（ばんこうけい）の随筆『閑田耕筆（かんでんこうひつ）』（享和元年／1801年出版）には、床にいたスズメに気づかずに踏んで殺してしまった話や、酒粕などの人間の食べ物を口にしたスズメが死んでしまった事故の例などが紹介されている。

寒さにも強く、雪の中でも食べ物を探す。雪を食べて水分も補給。写真は氷点下7度の盛岡市内。撮影:著者

スズメ

スズメ目スズメ科　　留鳥／漂鳥

鳴き声：チュチュチーチー、など／地鳴き→チュンチュン、チュッ、ジュクジュク、など

体長：14-15cm。だれもが知る鳥であることから、スズメ大、スズメより小さい・大きいなど、小鳥の大きさを説明する際、よく大きさの基準になっている

目元からクチバシ、喉が黒色。頬にも黒色の羽毛がある。頭部は茶褐色で、首まわりに白い羽毛が見える。背から尾、翼は淡い茶褐色で黒色の縦斑がある。胸から腹は白。雌雄同色。近縁のニュウナイスズメのオスは、頬の黒色がなく、喉の黒色も淡い。頭を含めた背側の羽毛のベースが赤褐色で、腹側はやや灰色がかった白色。メスは赤味が少なく、頭から背にかけては灰褐色。こちらは完全に雌雄別色となっている。

インド、シベリア、北欧内陸部、ウォレス線と呼ばれる東南アジア島嶼部にある生物分布境界線の東を除いた全ユーラシアと、オーストラリアの南東の一部に生息。ニュウナイスズメは東アジアの一部にのみ分布する。

人間の町に住み着いた、巨大な群れをつくる鳥

ムクドリ（椋鳥）

オレンジ色の足とクチバシ、頬の白い羽毛を除くと、全体的に黒っぽい地味な鳥で、町中でちょっと見かけても、強く目を引かれたりはしない。ふと目にしたとき、スズメよりちょっと大きな小鳥がいるな、と思うくらい。ムクドリとはそんな鳥だ。

だが、少し意識をすると、朝や夕方に電線に10羽～30羽がとまっていたり、ときに集団となって畑の土を掘り返していることにも気づく。なんだかよく見かけるな……と思う。

この鳥は数が多い！　と、はっきり悟るのが、「群れ」になったムクドリを見たときだ。少数では静かだった鳥も、大集団になると、とたんに騒々しくなる。特に眠る場所、ねぐらに向かう直前は控え目に言っても「騒音」で、うるささに怒る人が出るのが当然なレベルとなる。江戸時代の鳥の解説書などに目をやると、当時も今とおなじように、ムクドリ集団のギャアギャアという鳴き声に頭をかかえたり、苛立ったりした人がいたようである。

夕刻に住宅街の電線などにびっしりとまって鳴かれることや、そこから降ってくる大量

の糞にうんざりした人が通報し、報道されることもある。また、いっせいに飛び立ったムクドリが集団で空を舞う姿は壮観だが、それを「怖い」と感じる人もいる。

そもそもムクドリは、日本の留鳥の中で、もっとも大きな集団をつくる種で、巨大な群れになると数千羽を数える。それだけの数のムクドリが空を舞う様子は、なにか巨大な生き物が空でうごめいているようにも見える。

ヨーロッパに多い近縁のホシムクドリに至っては、群れはときに数十万羽という数にもなる。古代や中世なら、それを得体のしれない生き物や、伝説の怪物と遠目にホシムクドリの大集団を見た人が、思い込んでしまうこともあったかもしれない。

ムクドリ。『梅園禽譜』より

ムクドリもかつては冬の鳥

今でこそ、日本のほとんどの場所で一年中見られる鳥になったが、かつてムクドリは秋の終わりにやってきて、春になると去っていく鳥だった。江戸の人もよく知っていた冬の鳥で、飛来したムクドリを見て、今年ももうこんな時期かと実感をした。

そうしたムクドリのイメージは、耕作が止まる冬場に、地方から集団となって江戸の町に出稼ぎに来る農民たちに投影されることとなる。そうした出稼ぎ者のことを、江戸の人々は「椋鳥」と呼んだ。もちろんあまりよい意味には使われず、江戸に暮らす人々が「この椋鳥め」と言った場合、侮蔑も含んだ「この田舎者め」という感情が含まれていた。

そんなムクドリも、今や関東ではもっとも頻繁に見られる鳥となった。そして、スズメとは対照的に、安定した数をずっと保ち続けている。それは、スズメとおなじように民家にも営巣するものの、木の幹に開いた樹洞(じゅどう)など、もともと巣をつくっていた場所にも変わらず営巣し続けていることが大きい。ムクドリは決して人間だけに頼ろうとはせず、巣をかける場所のひとつに、「人間のもと」という選択肢を追加したにすぎない。

ムクドリはもともと平地の野や林で暮らしていたが、都市部だけでなく山地にも進出しはじめているという。こうした高い対応力が、今のムクドリの繁栄を築いたのだろう。

ムクドリの托卵

ムクドリは夫婦で子育てをする。ムクドリの体のサイズはスズメよりもずっと大きく、体重比で3〜4倍にもなる。当然、雛が食べるエサの量も多くなる。そのうえ、スズメよりも育てる雛の数がずっと多い。その育雛は、とても片親だけでできるものではない。

ムクドリの場合、メスがひとつの巣に産む卵の数は5〜7個で、平均は6個。それなのに、10羽近い雛を育てている夫婦もいる。

その理由はひとつ。他人の子もいっしょに育てているためだ。

実はムクドリも托卵(たくらん)をする。といってもホトトギスやカッコウのように別種の鳥の巣に卵を産みつけるわけではなく、同種の巣に産む。こうした托卵を「種内托卵(しゅないたくらん)」と呼ぶ。つまり、一見親子に見えるムクドリの巣立ち雛の中には、養子がけっこういるということだ。

実子かどうかの見分けがつきにくいこともあるが、ムクドリのカップルは自分たちが産んだ以上の雛が孵(かえ)ってもあまり気にしない。巣立ってしまえば親子も他人の関係となり、その後はだれもが、近くのムクドリたちとゆるい群れとなる。さらに秋から冬には数千羽もの巨大な群れとなることもあるためか、同種に対しては、ほかの鳥以上のおおらかさをもって接しているようにも見える。

数が激減しているスズメとは対照的に、人間のまわりで暮らすムクドリの数はむしろ増えている傾向がある。少し前までスズメが巣にしていた戸袋の裏や雨樋の奥などにもムクドリは巣をつくる。ムクドリが巣をつくると、スズメはもうそこを巣として利用できない。こうした状況を見ると、もしかしたらスズメの減少には、ムクドリも一役買っているのかもしれないとも思う。

ムクドリが托卵されるのにも、やはり理由がある。メスの体内で卵が形成されるにはそれなりに時間がかかるため、ムクドリもまた1日に1個の卵しか産まない（産めない）。

しかし、産んだはしから抱いていくと、最初と最後に生まれた雛では成長の度合いに一週間分の差ができてしまうことになる。巣の中に大きな雛と小さな雛が混在していると、与える食べ物の大きさなども配慮しなくてはならず、育雛に無駄な手間もかかる。当然、巣立ちもずれるので、巣立ち後の雛の安全も守りにくい。

そのため親は、すべての卵を産み終わるまで抱卵に入らない。最初の卵を産んでからの数日間は、つがいの2羽が同時に巣を空けて、食事に出かけてしまったりもする。托卵するタイミングを狙っている鳥にとっては、もちろんそこが絶好の狙い目となる。

また、天性のおおらかさが幸いしてか、留守中に卵が1個増えていても、ムクドリはそれほど気にしない。結果として、10個近い卵を抱くことになることもある。こうしてあちこちに子だくさんのムクドリが増えることで、その繁栄が継続していく。

ちなみに托卵をする鳥は、そのシーズンに繁殖できる巣を見つけられなかったカップルが多い。自分で雛を孵すことができないので、せめてどこかで自分の血を引く子が育ってほしいという親心だ。できるだけ多く自分の子を残そうと、ところかまわず同種の巣に卵を産みまくっているわけではない。

生活状況的には、「日本人にとっていちばん身近な鳥」の座をスズメから奪いつつあるが、知名度ではまだまだスズメに追いつけないムクドリ。撮影:神吉晃子

ムクドリ

スズメ目ムクドリ科　　留鳥（北海道では夏鳥）

鳴き声：ギャア、キュルキュル、ツィーツィー、ジャージャー、など

体長：24cm。スズメより10cmほど大きく、体重は3～3.5倍

顔から胸は黒褐色で、背や翼は頭部よりはやや淡い黒褐色。胸以下の体下面は灰褐色。白い頬の耳羽には黒い縦斑が混じる。クチバシと足はオレンジ色～黄褐色。雌雄ほぼ同色だが、オスの方が若干黒みが強く、そこからつがいの雌雄を判断できる。

日本のほか、アジアの東岸に分布。日本、朝鮮半島南部、中国のごく一部以外は、繁殖地と越冬地が別れていて、渡りをする。

ハヤブサ（隼）とチョウゲンボウ（長元坊）

都市に住み処を求めた新たな仲間

「ＤＮＡを調べる」という新しい科学が、予想外の真実を告げてくれることが増えてきた。日本人のルーツがよりはっきりと見えてきたほか、ＤＮＡを比較することで、種と種の進化上の分岐時期などもわかるようになってきた。

その結果、親戚だと思っていた相手が、縁遠いまったくの他人と判明した例もある。ハヤブサやシロハヤブサ、チョウゲンボウなどが属するハヤブサのグループは、ワシやタカの仲間だとずっと考えられてきたが、ＤＮＡを比べてみると、それは明らかなまちがいで、ワシ・タカよりもインコやスズメ目の鳥に近かったことが判明した。

多くの鳥類が分岐していったのち、最後に残ったグループからまずハヤブサ類が分かれてハヤブサ目が誕生し、ほどなくインコ目が誕生。残った巨大なグループがスズメ目となって、スズメ類やカラス類、ヒタキ類などが分かれていったことが確認されたのだ。

近い環境で似た暮らしをしているうちに姿が似てくることを「進化の収斂（しゅうれん）」や「収斂進

化」と呼ぶが、ハヤブサ類とワシ・タカ類に共通する特徴だった鉤状のクチバシや鋭い足の爪などは、まさに進化の収斂によるものだった。

鳥や小動物を襲う猛禽としての暮らしが、両者に似た姿を与えていただけだったという事実は、専門家にも強い衝撃を残した。鳥類目録に急遽「ハヤブサ目」がつくられ、インコ目やスズメ目と隣り合う位置に置かれたのは、ほんの十年ほど前のことである。

人間を利用する

スズメにしても、ツバメにしても、ドバトにしても、カラスにしても、人間のそばで、人間を利用しながら暮らしてきた。人間の家に巣をつくれば天敵に襲われにくいとか、食べ物を確保しやすくなるとか、人間の暮らしに近づいた理由はさまざまだが、例で挙げた数種は、この数千年、人間とつかず離れず生きてきた。

さらに、この数十年から百年のあいだに、人間のそばで暮らすようになった鳥が何種かいる。ヒヨドリ、ムクドリ、ハクセキレイなどがそうだが、近年、ハヤブサやチョウゲンボウも、都市やその周辺に定着するようになった。

ハヤブサはもともと海岸に面した崖の途中にある岩棚などに営巣していたが、海も山も開発が進んで、巣をつくれる場所が減ってしまったため、やむなくビルが建ち並ぶ都市にやってきた。ところが、来てみたら意外にもそこはハヤブサにとって理想の環境で、住み着くメリットがたくさんあった。ハヤブサにとって、それはうれしい誤算だったようだ。

高層ビルの壁は岩棚（いわだな）のある崖に似ていた。ビルによっては、ところどころに張り出しもあって、そこで落とすことなく卵を抱くことができる。高層ビルのほとんどの窓は開けられる仕様になっていないので、人間が巣のあるところまでやってくることもほとんどない。

ハヤブサの若鳥。江戸後期の本草学者、小野蘭山がつくった『蘭山禽譜（地之巻）』（1800年ごろ）より。国立国会図書館収蔵

窓清掃の人がごくたまに来るくらいだが、清掃者もハヤブサの巣をどうこうするような命令は受けていないか、そっとしておくようにという指示をもらっているので、基本的に危害は加えない。なので、安心して卵や雛を抱き続けることができる。

ビルに当たった風が上昇気流をつくることもある。それも、かつての営巣地（えいそうち）と似ていた。

さらに都会には、ハヤブサの獲物となるハトなどの鳥が無数にいた。日々の食料として、また雛に与える食べ物として必要な数だけ捕獲しても、ほとんど減ったりしない。つまり都会は、食べ物の宝庫でもあった。

ハヤブサは急降下して獲物を捕らえるタイプの狩りをする。そのためには途中に障害物がないことが条件となる。高いビルだけが林立する都会は、そうした狩りにも絶好だった。

こうしたことから、東京や札幌といった日本の都市のみならず、アメリカやヨーロッパの都市においても、ハヤブサの定着が見られるようになっている。今後は、都会で生まれて育った、山を知らないハヤブサも増えていくことだろう。都市が続くかぎり、都市でのハヤブサの生活は続いていくにちがいない。

また、ハヤブサに加えて、キジバトやドバトほどの大きさの小型のハヤブサ類であるチョウゲンボウも町中で見ることが増えてきた。

チョウゲンボウは山地や河川の近くにある崖地（がけち）をおもな繁殖場所にしていたが、ハヤブサ同様、人間の開発によって居場所を失い、人間の町へと出てくることになった。今、チョウゲンボウは、ビルの窓の外のほか、橋梁（きょうりょう）の下や送電線の鉄塔などに巣をつくっている。小型の鳥やネズミなどを食べてきたチョウゲンボウだが、都会でもそうした獲物を安定して得られることがわかって、定住するものが増えたと考えられている。

チョウゲンボウは完璧に空中停止する

ハヤブサは上空から獲物を探し、急降下して襲うといったタイプの狩りをする。自由落下する体にさらに羽ばたきを加えることで、降下速度は状況によっては時速300キロメートルを超える。それどころか、なんと390キロメートル前後という最速の新幹線を超え

最速の降下速度を誇る、鳥を専門とする狩人。
撮影:谷修二

ハヤブサ

ハヤブサ目ハヤブサ科　　留鳥
鳴き声:ケーケー、キーキー、など
体長:オス38〜45cm、メス46〜51cm。ハシボソガラスよりやや小さいサイズ

体の上面は暗青灰色で、縞状の横斑がある。頭部は、やや黒みが強い。顔の目の下にあるひげ状の黒斑は太く目立つ。耳羽からその下の羽毛は概ね白い。腹側は白く、胸から下に黒褐色の斑がある。腹は少し太めの横斑になっている。雌雄同色。

日本では留鳥。南極を除いたすべての大陸で、砂漠などの一部の土地を除いた広い領域に分布する。

た速度まで記録されたことがある。地上最速の鳥の名前はだてではない。

おなじハヤブサ類であるチョウゲンボウもハヤブサと似た方法で狩りをする。

スズメやムクドリなどの小鳥類ももちろん狙うが、中心となるターゲットはネズミなどの地上性の小さな生き物だ。ときにはトカゲやカエルなどを捕ることもある。

ハヤブサよりもずっと小柄なため、狩りにあたっては、ハヤブサほどの高度までは上がらないし、そこまでの速度も出せない。そのかわり、チョウゲンボウにはほかの鳥にはできない自分だけの「技」がある。

チョウゲンボウの体重は、１５０〜１９０グラム。翼をひろげた長さ、翼開長は70〜75センチメートルほど。この体重にしては長い翼をもっている。尾も長く、風を受け止めやすい体をしている。こうした体のチョウゲンボウは、ある程度の風があれば、凧(たこ)のように自身の体を中空に留めることができる。

チョウゲンボウの空中停止はホバリングと形容されたりすることもあるが、チョウゲンボウが空中に留まるのは、実際にはホバリングではない。受けた風を体を浮かす「揚力(ようりょく)」に変え、地に向かって引っぱる力である「重力」を打ち消すことで、羽ばたかずにおなじ空間に留まり続ける。それはある意味、神々しくもあり、ある点で芸術的でもある。

チョウゲンボウ。伊勢長嶋藩主にして本草画家でもあった増山正賢（雪斎）の『百鳥図』より。国立国会図書館収蔵

チョウゲンボウは地上の様子がはっきり見える高さで空中停止する。飛んで逃げる鳥なら何度も追いかけることができるが、地上にいるネズミなどは、穴や草むらに逃げこまれたら次はない。つまり、狩りには降下の「タイミング」がきわめて大事になってくる。

自身が地上にいたるまでの時間を計算に入れた上で、獲物の位置や移動速度を正確に把握し、「ここ」というタイミングで襲いかかるのだ。

なお、体のわりに大きなチョウゲンボウの翼と尾羽は、「減速」にもうまく生かされている。高速で獲物をさらうのではなく、獲物の手前で制動をかける。そうすることで、地上に激突することのない安全な狩りを実現している。

貯食と求愛給餌

カラスやカケスなどのカラス科の鳥が、多めに得てしまった食べ物を隠し、あとから食べる「貯食（ちょしょく）」をすることはよく知られている。最近になって、チョウゲンボウにも貯食をするものがいることがわかってきた。貯食行動は一定以上に脳が発達した鳥でないと見られない。さすが、高度な知性をもつ種が多いインコ・オウム類の親戚といったところか。

なおチョウゲンボウは、繁殖期の前など、捕まえてきた獲物をオスがメスにプレゼントする「求愛給餌」をすることもよく知られている。その後、交尾へといたるわけだが、ハヤブサ類の爪は鋭い凶器でもあるので、交尾の際は上に乗るオスが爪を丸め、メスを傷つけたりしないように配慮する姿が見られる。

失礼な古名

チョウゲンボウの顔つきは精悍（せいかん）で、小さいながらも立派な猛禽としての風格をもつ。ひげをたたえた武将のような顔、というのはいい得て妙でもある。長元坊という漢字表記も粋（いき）に感じる。

だが、江戸時代やそれ以前の時代は、かなり失礼な呼ばれ方をされていた鳥だった。

糞つかみ、糞トビ、馬糞タカ、馬糞つかみ、馬糞トビ。チョウゲンボウの古名（こめい）を調べると、名誉棄損で訴えたくなるような名前が並ぶ。もちろん「糞」は蔑称で、「役に立たない者」の意味でこうした名前で呼ばれたことがわかっている。

「くそとび」という名称が最初に使われだしたのは奈良時代で、そのときはノスリを呼ぶ名として始まっている。ハトサイズで軽量のチョウゲンボウは、必然的にネズミなどの小さい獲物を捕る。猛禽であるにもかかわらず鷹狩りでは使えない鳥だったので、こうした名がついたとされる。ハヤブサが奈良時代から今と同じ「はやぶさ」の名で知られていたことからみると、なんともはやである。

身が軽く、風を受けて空中停止することもできる。
撮影:永井陽二郎

チョウゲンボウ

ハヤブサ目ハヤブサ科　　留鳥

鳴き声:キーキーキー、キッキッ、キキッ、チッ、など

体長:オス33cm、メス39cm。猛禽類の例に漏れず、チョウゲンボウもメスの方が体格がひとまわり大きい。体長はドバトよりやや大きいくらいだが、体重は半分～3分の1ほど

オスの背から翼は茶褐色で黒い斑がある。頭と腰から尾羽は青灰色。尾は長めで先端の少し手前に黒い横帯がある。腹部は淡褐色で、黒い縦斑が見える。メスの背や翼はオスよりやや淡い茶褐色で、頭部や腰、尾羽のベースも同色。メスの背の方が斑が大きい。オス・メスともに目の下にひげ状斑があり、目には黄色いアイリングがある。

日本では留鳥。ユーラシアからアフリカに広く分布する。

ツバメ（燕）

ツバメの名前の由来論争

春、緑が萌えだすころに南から渡ってきて、低い空を飛び抜ける。

ツバメもまた、長く人間を利用してきた鳥だ。人間のそばにいれば、天敵となる動物は簡単には近づいてこない。だからツバメは、民家や納屋などに営巣してきた。最近は人通りの多いビルの軒先や駅の構内にも巣をつくり、そこで子育てをすることも増えた。

かつては、「ツバメが巣をつくった家は繁盛する」という言い伝えもあった。信じるかどうかは別として、ツバメの巣づくりを歓迎し、雛が巣立つまであたたかく見守る家は多かった。特に商家は、やってくるツバメを大事にして、去る際には来年も来るようにと祈った。当然ながら、つくられたツバメの巣を壊すことは「不吉」とされた。

だが最近は、親鳥が苦労してつくった巣を人間が落としてしまう事件も頻発し、そうした行為が報道されることも多くなってしまった。できればかつてのように、雛が巣立つまでの少しの期間だけでもあたたかく見守ってほしいと切に願う。

ツバメ。『梅園禽譜』より

ツバメがおなじ場所に戻ってくるわけ

ツバメのなかには前年の巣に戻って、おなじ場所で育雛をするものも少なくない。

第一に、前年、無事に雛を巣立たせた実績のある巣は、未知の場所よりは安全と判断できる。もちろん、一度使った巣に愛着を感じることもあるだろう。だが実は、同じ巣を利用し続ける最大の理由は「コスト」だ。

ツバメの巣の土台は、藁と泥と親ツバメの唾液(だえき)によってつくられている。意外に頑丈で、大概の巣は3〜5羽の雛が巣立ったあともしっかりしている。時期的にまだいけると判断した場合、少しの手直しののち、すぐに二度目の抱卵に入ったりもする。もちろん、だれかに壊されたりしなければ、その巣を補修して次の年も子育てに利用することができる。

ツバメの巣づくりは、かなりの手間がかかり、時間もかかる。ゼロから始めると概ね7~9日の作業となる。藁と泥という、都会では見つけにくいものを利用するため、材料集めもかなりたいへんだ。体力を消耗するうえ、抱卵できるタイミングが遅れるというデメリットがある。だが、前の巣がよい状態で残っていれば、1~2日の軽い補修で済む。

時間や体力を節約できるうえ、そのぶん早く卵を産み始められる。エサが豊富にある年なら、最初の雛が巣立ったあと、二回目の抱卵も可能となる。つまり、同じ巣を使うことで、多くの子孫を残せる可能性が増えることになる。そんな都合のいい巣を使わない手はない。それがツバメが毎年同じ巣に戻ってくる大きな理由だ。

意見が分かれたツバメの名前解釈

ツバメは古くから、つば、つばめ、つばびらく、つばびらこ、つばくらめ、つばくら、つばくろなど、多くの呼び名をもっていた。このうちよく使われていたのは、「つばめ」と「つばくらめ」で、奈良時代の文献にはこの2つの名と、「つばびらく」の名を見る。「つばめ」は「つばくらめ」を略した呼び方なので、「つばくらめ」と「つばびらく」がより古い名称と考えられている。

なにごともなければ、ツバメは補修して毎年おなじ巣をつかう。撮影:桐原美香

三者のうち、長らく「つばくらめ」の使用頻度が高かったが、室町時代になって「つばめ」がよく使われるようになり、そのまま現在へと至っている。それでも、江戸幕府が開かれた年に日本イエズス会によってつくられた「日本語－ポルトガル語」の辞書『日葡辞書』(1603年刊)には、「つばめ」と「つばくらめ」の両方が掲載されている。

鳥の名称にはいくつか決まったパターンがあって、末尾につける「め」が小鳥をあらわす接尾語であることはよく知られている。スズメの「メ」がそうであり、ヤマガラの古名である「やまがらめ」も同様とされる。おなじ考えにもとづき、ツバメの

「メ」も「つばくらめ」の「め」も小鳥を示すものとする考えが有力だ。

では、「くろ」や「くら」はどうかというと、多くの専門家は「くろ」や「くら」を「黒」と考えたが、「くら」を「小鳥」と解釈した柳田国男など、異論もある。

だれもが知る身近な鳥だったためか、江戸中期以降、ツバメの名前の解釈には議論が絶えなかった。「ツバ」を「光沢」と考えた新井白石以降、鳥の専門家ではない研究者の参入も多く、その事実を興味深く思う。なお、議論は長く続けられてきたが、どの解釈が正解なのか確かめるのはとても難しいこともあり、現在にいたっても確固たる結論は出ていない。

ツバメは飛びながら食べ物を取る

春、ツバメは東南アジアの島々や北部オーストラリアから日本に渡ってくる。移動距離はおよそ四千キロメートル。わずか17〜18グラムの鳥が、自身の翼でそれだけの距離を飛び越えてくることに驚く。スズメでさえ25グラムの体重があることを考えれば、どれだけ軽いかわかるというもの。

渡り鳥は、渡りをしているあいだ極端に睡眠時間が減るという研究報告がある。それでも、眠りがゼロでは死んでしまうので、必ず途中で眠ることになる。

ツバメは海鳥ではないので、海におりて、波に揺られながら眠るということができない。またツバメは、カモやツグミなどの冬鳥とちがって、群れをつくらず、それぞれが単独で日本へと飛来する。眠っているあいだ、敵を見張ってくれるような仲間もいないため、ツバメもほかの渡り鳥と同様に、ときどき短く眠りながら飛んでいると考えられている。また、ツバメ類は地上や樹上採食ではなく、飛行しながら昆虫などを捕まえている。渡りの途中も、ときどき森の上空などを低く飛んで食べ物を得ているようだ。

ツバメの翼や尾は、空中で長く生活できるように、そして長距離移動に向くように進化した。細く長い翼や燕尾服の原型となった尾も、すべてがそのための進化だったといえる。ツバメは少ないエネルギーで効率のよい高速飛行ができる体を手に入れた。高速で飛べると、渡りにかかる時間が短縮できる。それがツバメが取った渡りの戦略だったようだ。

ツバメと同じように空中生活に適応した鳥に、アマツバメ目のアマツバメがいる。名前に「ツバメ」が入っているように、とてもよく似た姿をしているが、進化上はかなり遠い。

ちなみにアマツバメは、食べ物を取るほかに、飛びながら雨で水浴びし、飛びながら不安定な中空で交尾までしてしまう。抱卵の時期以外ほとんど地上に降りることがないという徹底ぶりには、ただただ脱帽する。

おなじような暮らしをしていることで似た姿や形になることを「収斂進化」と呼んでいるが、ツバメとアマツバメが似ているのも、まさに収斂進化の賜物である。

巣立ったあとも、親はかいがいしく我が子の世話をする。撮影:永井陽二郎

ツバメ

スズメ目ツバメ科　　夏鳥

鳴き声:チュビチュビッ チュルルルルルッ、など/地鳴き→チュビッ

体長:17cm。体長だけ見るとスズメより大きいが、体重はスズメの7割しかない。

額、喉が赤褐色～濃いオレンジ色で、体上面は青色光沢のある黒色。胸、腹などの体下面は白色または淡褐色。翼と尾が長いが、尾羽の最外側の羽根が特に長い。この尾の形から「燕尾服」のデザインが生まれた。尾を広げると白斑が見える。長い翼と尾は高い飛翔力の証でもある。

春、東南アジアの島々やオーストラリア北部から日本に渡ってくる。日本で冬を越す「越冬ツバメ」の存在が知られているが、ずっと日本にいる鳥なのか、冬にもっと高緯度の場所から渡ってくるのか、現在もよくわかっていない。

2章

日本人から愛されて

平安貴族に愛玩された鳥

ヒヨドリ（鵯）

民家の近くで「ピーヨフィーヨ」と、けたたましく鳴く、自己主張の強い鳥、ヒヨドリ。東京では、半世紀ほど前までは完全に冬の鳥で、夏場にヒヨドリの声を聞くことはなかったが、今や季節を問わず、うるさいほどに声を響かせている。

さらに夏は、飛んで逃げるセミを追いかけて捕獲する姿も見る。もちろん、追うのは食べるためだ。果肉、果汁などを好み、容器にジュースを満たしておくと、それも美味しそうに飲むことから「甘いもの好き」の印象が強いが、実は雑食で、幅広い食性をもっている。美味しいものならなんでも食べたいという、食べることに貪欲な鳥だ。

ヒヨドリはタネのある木の実も丸飲みし、堅いタネの部分を糞として排出する。食べては出しを繰り返すことで、植物の生息範囲を拡げている事実もある。そうやって根付いた木は、まわり回って次世代のヒヨドリの食料となる。

最近は、庭に実のなる木を植えても収穫せずに放置する家が多い。そうした家の庭は、ヒヨドリにとっては食べほうだいの無料レストランのようなもの。特に冬場のヒヨドリの目には、民家の庭は「ごちそうの山」に見えているはずだ。

子育ての時期である夏になっても山に帰らなくなったのは、町中で十分な食料を見つけられるためであり、人間の生活圏を住みよい場所と認識したからだ。

ヒヨドリはかつて、飼い鳥の「花形」だった？

パンクのロッカーのようなボサボサな頭や、真っ黒で細く尖ったクチバシ、眼光するどい目もとなどを見るかぎり、あまり人馴れしそうな鳥には見えない。しかし、巣から落ちた雛などを保護してみると、意外によく馴れることに気づかされる。

ヒヨドリは意外に賢く、好奇心も強い。自分を大事にしてくれる人間を好きになり、まとわりつくこともある。その馴れ具合は、ブンチョウやインコにも引けをとらないほどだ。

そんなヒヨドリをこぞって愛玩した時代があった。

それは今から800〜1000年前の平安時代のこと。飼っていたのはもちろん貴族で、名前をつけてかわいがっていた各家の鳥を持ち寄って優劣を競う「鵯合（ひよどりあわせ）」が行われたという事実まである。

ヒヨドリ。『梅園禽譜』より

公家の日記などを編纂してつくられた歴史書『百錬抄（ひゃくれんしょう）』（13世紀に成立）によると、鵯合が行われたのは承安3年（1173年）5月2日のことで、「上皇御所において」とのこと。イベントは、先の天皇が居住する御所で行われたらしい。

鵯合は手順や座席の配置などが細かく決められていて、特定の様式に沿って行われたという記述がある。つまり、この日だけでなく、定期的に行われていた行事のようなものだったと考えることができる。

残念ながら、「鵯合」の内容の詳細はよくわかっていない。だが、ヒヨドリの素の声はおせじにもよいものとはいえないので、「ピーヨ」という声を競わせたとは思えない。

江戸期の鳥の飼育書の『喚子鳥（よぶこどり）』には、ヒヨドリは「子がひ良く、物まねをさへずる」（雛はよく馴れ、声をまねてさえずる）とあるので、「鵯合」においては、人の声か他の鳥の声をおぼえさせて競わせるといったことが、もしかしたら行われていたのかもしれない。

愛鳥につけられた日本で最古の名前

平安時代の中期には、貴族たちのあいだで、「ウグイスとホトトギスは、どちらが優れた鳥なのか？」という議論も起こった。ウグイスについては、室町時代以降、幅広い身分層で飼育され、飼われていた声のよいウグイスによる「鳴き声コンテスト」も行われた。

なのに、平安時代の後期に貴族が飼っていた鳥の筆頭は、ウグイスでもホトトギスでもなく、なぜかヒヨドリだった。そして、さらに驚かせてくれるのが、飼育下のヒヨドリたちにはみな、飼い主からつけられた名前があったという事実だ。

名前をつけると、その個体に対する飼い主の意識は明確に変わる。名前をつけることで、ただの鳥が「うちの子」に変わるのだ。ただの鳥や鑑賞の対象から、愛情を注ぐ対象へと。

つまり、この時代のヒヨドリは、明確に愛玩動物として認識されていたことになる。

平安時代から江戸時代まで、さまざまな鳥が飼育されてきたことがわかっている。おそらく、それ以前にも飼育の実態はあっただろう。だが、史料の中に、はっきりと文字として残る名前を見つけることはできない。この点で平安貴族のヒヨドリは特別だった。

ヒヨドリにつけられていた名前には、「荻葉（おぎのは）」「はやま」「おもなが」「無名丸」「千與丸（ちよまる）」などがあったが、このうち特に注目したいのが、「無名丸」や「千與丸」といった「丸」のついた名前だ。

「丸」は元服前の男児によくつけられていた名だ。源義経（みなもとのよしつね）の幼名が牛若丸（うしわかまる）だったことを知らない人はいないだろう。伊達政宗（だてまさむね）の幼名は梵天丸（ぼんてんまる）だった。そうした命名と近い感覚で名前がつけられ、日々その名で呼ばれていたのだとしたら、ヒヨドリに対する飼い主の愛情の深さも相当なものだったはず。ともに暮らす鳥を日々、「ピーちゃん」などの名で呼んでいる現代の鳥の飼育者には、平安貴族の「ヒヨドリ愛」がよく理解できることだろう。

なお、当時はヒヨドリを、「ひえとり」や「ひえどり」と呼んでいたことがわかっている。ヒヨドリという名が定着したのは室町時代以降となる。

名の由来としては、ヒエ（稗）を食べるからヒエ鳥という名前になったのだろうという説もあるが、ヒヨドリは種子、果実、花蜜（かみつ）などを中心に食べ、ヒエなどの雑穀類は基本的に食べない。

その鳴き声から「ひえとり」と呼ばれた鳥が、やがてヒエドリと呼ばれ、時代を経てヒヨドリと呼ばれるようになったという説のほうが、より説得力がある。

ヒヨドリの波状飛行。羽ばたきの回数を減らすことでエネルギー消費が抑えられ、疲労も減らすことができる。

省エネの飛行術と命をかけた渡り

ヒヨドリの飛行をじっくり見てみると、まっすぐ一直線には飛ばないことがわかる。

ヒヨドリは斜め上方に向かって数回羽ばたき、その後の数秒間は慣性で飛んで、最初の高さまで高度が落ちたところでふたたび斜め上方に向かって羽ばたく、といった飛行をする。それを繰り返しながら飛ぶ姿を真横から見ると、「波」のように見えることから「波状飛行」と呼ばれている。

波状飛行は、ずっと羽ばたき続ける飛行法よりもエネルギー消費が少ない、いわゆる「省エネ」飛行術で、飛翔力の弱い鳥が選択する飛び方だ。そのためヒヨドリも、長距離飛行には向かない鳥と考えられている。

実際ヒヨドリは、山や森と人里とのあいだをゆるやかに季節移動する鳥で、日本から海外に出たりしない留鳥である。しかし、北海道に暮らすグループだけは、寒さが強まりエサが少なくなる冬場を本州で過ごそうと、秋の終わりに波風に抗い、狙うハヤブサ類から逃れるようにして、決死の覚悟で津軽海峡を渡って本州へとやってくる。北海道のヒヨドリだけが、異国から渡ってくる渡り鳥の苦労を知る。

甘みセンサーがないはずなのに、ヒヨドリは甘みを知る

繰り返しになるが、ヒヨドリは本当に果実や花蜜が大好きだ。民家の庭に実った果実をついばむほか、サクラの季節などは花の根本をちぎり取るようにして蜜をなめる。花弁(かべん)の奥にたっぷり蜜がある花、たとえばツバキなどに顔を突っ込むようにして蜜をなめ、結果、顔を花粉で黄色く染める姿を目にすることもある。「甘党」と評されるのはそうした行動のせいだ。昆虫たちに混じって、ヒヨドリも花の受粉に一役買っている。

鳥も人間と同様に、舌に味を感じるセンサーである「味蕾(みらい)」をもっていて、食べたものの味がわかる。ただし、ほとんどの鳥には甘みの受容体(=センサー)はないとされる。だが、甘さを感じる受容体をもたないはずのヒヨドリをはじめとする複数の鳥の舌が「甘み」を感じていることもまた確かな事実だ。

ほかの受容体を使って甘みを感じ取っているのではないかという主張があり、実際にハチドリは、「旨み」を感じる受容体を変化させて「甘み」が感じられるようになったという研究報告もあった。ヒヨドリについても、その真相が明かされる日を楽しみに待ちたい。

甘いものが大好きなヒヨドリは、枝の花をちぎるようにして蜜をなめることがある。顔を花粉で黄色に染めていることもある。撮影:神吉晃子

ヒヨドリ

スズメ目ヒヨドリ科　　留鳥／漂鳥

鳴き声:ヒーヨフィーヨ、ピーヨピーヨ、ピヨピヨ、など

体長:およそ28cm。スズメよりもだいぶ大きい。ムクドリに近いサイズだが、尾がやや長めですっきりした細めの体格をしている

灰褐色の羽毛。翼開長は40センチメートルほど。斑のある羽毛。ボサボサに見える頭部。尾は、閉じた状態ではヘラ状。朝鮮半島や中国の一部にも分布するが、その数は少なく、日本の固有種に近い。近縁種として、シロガシラ、コウラウン、コシジロヒヨドリ、シマヒヨドリなどを挙げることができるが、いずれも東アジアや東南アジアの鳥。ヒヨドリ類は、甘い果実が多く実る熱帯～亜熱帯で進化した可能性が指摘されている。

ウグイス色はメジロ色？

メジロ（目白）とウグイス（鶯）

知っていたつもりでも、あらためてじっくり考えてみると、実はよくわかっていなかったということがある。多くの人にとって、ウグイスもまた、そんな存在なのだと思う。テレビなどを通して声が耳に届く機会も多いことから、子供を含めたあらゆる年齢層に「ホーホケキョ」というさえずりが深く浸透しているのはまちがいない。

『万葉集』以降、ウグイスのことを詠んだ和歌がたくさんあることを知っている人は多いだろう。また、古典文学に接している人なら、清少納言や紫式部が現役の女房（高位の女官）だった、およそ千年前の宮中で、ウグイスとホトトギスのどちらが優れた鳥かという議論があったこともご存じかもしれない。

その後ウグイスは、室町時代から昭和にいたるまでの長い期間、多数が飼育されて、多くの人の耳や目を楽しませてきた。「春告鳥（はるつげどり）」や「報春鳥（ほうしゅんちょう）」という異名も、ウグイスと日本人が関係した長い歴史の中で生まれてきたものだ。

また、ウグイスについては、生態的な面でもよく知られていることがある。ホトトギスを含むカッコウ科の鳥は、自分自身で子育てをせず、ウグイスなどの巣に卵を産みつける「托卵（たくらん）」をする。生まれた托卵鳥の雛は、その巣本来の卵や雛をそこから落として殺してしまう。だからウグイスは贋物（にせもの）の卵を見分けて巣から捨てようとするし、托卵する方も、そうはさせまいとそっくりな卵を産みつける。

文字どおり生死をかけた戦いが、ウグイスには宿命づけられている。

ここまでは知っている方も多いかもしれない。

本来のイメージから遠くなってしまった「鶯色」

しかし、「ウグイスとはどんな姿で、どんな性質をもった鳥か?」とたずねると、返答はなかなか返ってこない。「ウグイス色をした鳥で、梅の木に花が咲くころに飛んできて……」という答えが返ってきたりもするが、実はこの返答には正しくない点も多い。

まず注目したいのが、その色だ。「ウグイス色」と聞いて、もしも頭に「うぐいす餅」のような黄緑色が浮かんだとしたら、それは明らかなまちがい。実際の「鶯色」は黄緑色ではなく、英語でいうところのオリーブグリーンに近い色だからだ。

ウグイス。『梅園禽譜』より

今、多くの人に「ウグイスの色」として認識されている色は、実はメジロに近い色で本当の鶯色からは少し遠いところに行ってしまった感がある。

今でこそ、色はかっちり固定された揺るがないものとなり、それぞれの色を数値として表わすことも可能になったが、伝統的な色とされるものも、時代の流れの中で少しずつ移り変わってきたし、地域による変化もあった。つまり、色には「幅」があった。

鶯色にしてもそうで、日本に「鶯色」が誕生した直後から数百年間、その色はゆるく移ろいできたし、地域ごとに微妙なちがいもあった。それでも、かつて思われていた鶯色が、現代の多くの人にイメージされている色よりもウグイスの羽色に近かったのは確かだ。

人々の意識の中で「鶯色」という色がはっきりとできあがったのは、江戸時代になってしばらく経ったころのこと。鶯色と、それより茶色味がある「鶯茶（うぐいすちゃ）」の2色が生まれ、鶯茶は元禄時代（1688〜1704年）の流行色のひとつにもなった。

当時の人々にとって、ウグイスという鳥は今よりもずっとメジャーな存在で、その姿を目にしたことのある人間は今よりはるかに多かった。なぜなら室町時代からウグイスの飼育が盛んになったことで、江戸や大坂、京都などの大都市では、ウグイスの声を競う鳴き合わせの大会「鶯合（うぐいすあわせ）」も行われるようになり、その様子を見聞きすることもあったから。

また、江戸時代の半ば以降は、山手線の内側ほどの狭いエリアに30〜60軒もの鳥屋があって、江戸の人々は子供のころから、店にいるメジロやウグイスの姿を見る機会があった。さらに、江戸や京都の市中には、ウグイスの名所とされる土地が複数存在していた。

つまり、ウグイスなどの鳥の姿を見たり、その声を聞いたりすることは、江戸時代の人々にはごく自然なことだった。今よりもずっと刺激も娯楽も少ない時代のこと、さまざまな場所で目や耳にした鳥の姿や声が、記憶の中にくっきりと残ったことはまちがいない。

なお、中国にも「鶯」と表記される鳥がいて漢詩にも登場するが、こちらは日本のウグイスとは完全に別種のコウライウグイス。全身の羽毛が黄色いため、黄鳥とも呼ばれた。

梅にウグイスは本当か？

第二に、ウグイスは梅の木にはほとんどやってこないという事実がある。まだ寒い早春、花が咲いた梅の木に飛来して花蜜を吸っている鳥がいたら、それはほぼメジロである。

さえずりこそ派手で自己主張が強いものの、元来ウグイスはとても慎重で臆病（おくびょう）な鳥だ。シジュウカラやモズなどのように、見晴らしのよい場所で声を張り上げたりしないし、スズメやドバトのように、ごく自然に道を歩いていたり、畑の土を掘り返していたりしない。

メジロ。『梅園禽譜』より

笹の葉の陰など、だれからも見えない場所にいて、はじめて落ち着く。声はすれども姿は見えない鳥の代表格といっていい鳥なのだ。

その点、メジロはずっと見つけやすい。ときにはウグイスのように木々の枝葉の中に紛れ込んだりもするが、単独でいることはあまりなく、小集団をつくって陽のもとを飛び、葉が落ちた枝にもとまる。年明け、まだ木々が芽吹いていない時期に緑色をした小さな鳥の小集団が飛ぶ姿を見ることがあったなら、それはだいたいメジロと思っていい。

「梅にウグイス」という言葉から、実際に梅の木に来ている小鳥の色をもとに、鶯色についての誤解が拡がったのも、ある意味しかたのないことではあった。人間が勝手に誤解していたのだから、この点についてメジロに非はない。

「目白押し」と、ウグイスの真の姿

ちなみに、メジロもウグイスも手のひらにおさまるほどの小さい鳥だ。大きさは、それぞれ12センチメートルと14～16センチメートル。ウグイスの数値に幅があるのは雌雄でサイズがちがうためだ。ウグイスのオスはスズメより大きく、メスはスズメよりやや小さい。

メジロはスズメと比べるとかなり小さく、体型も丸みをおびている。見る角度によってはコロコロと鳥らしくない姿にも見える。声の知名度でこそウグイスに軍配が上がるが、日本人が感じる「かわいい」を基準にした愛らしさでは、メジロの圧倒的な勝利となる。

そして、日本人がメジロのことをついつい「かわいい」と思ってしまう理由が、じつはもうひとつある。それは、くっつきあった「集団」となった鳥のかわいらしさだ。

鳥にはそれぞれ、「安心できる距離」というものがある。多くの小鳥類は群れをつくって暮らしているが、群れをつくる鳥でも、同種のほかの鳥が一定以上の距離に近づくことを忌避する傾向がある。2羽が同じ枝にとまったとしても、一定の距離を空けるのがふつうで、種がそれぞれにもつ「安心できる距離」を超えて近づきすぎると、居心地が悪くなって、どちらかがそこから飛び去ってしまう。

ところがメジロはその距離がきわめて短い。翼が触れあうほどの距離も、嫌な顔ひとつせずに許してしまう。あまり長くない枝に何羽ものメジロがくっつきあってとまっている姿を見ることも珍しくない。それがもととなって、「目白押し」という言葉が生まれたほどだ。特に冬場は、くっついた方が体温が逃げずに温かいことをメジロも知っている。

一方のウグイスは、その対極にいる鳥といえる。多くの鳥と異なり、ウグイスは群れをつくらずに単独で暮らす。単独でいても不安を感じたり、孤独感を感じたりすることもない。ただし、単独生活は敵に狙われやすいので、そうならない環境を選んで生活をする。

草原や農地でなく、下地に笹が密に生えているような林を好み、そこに潜む生活をするのも、単独で生きていくことを選択したがゆえのこと。だからこそ、その姿を見つけることはなかなか困難なのだ。

ウグイスにとっての安心できる距離は、ほかの鳥よりもさらに長いため、「目白押し」状態など絶対にありえないこと。裏を返せば、そんな鳥だからこそ、単独生活を選んだといえるのかもしれない。

ウグイスを鳴かせる文化

現在は違法となってしまったが、ほんの20～30年ほど前まではウグイスもメジロも飼育が可能で、特にウグイスは、昭和になっても声の美しさを競わせる「鳴き合わせ」のイベントが盛んに行われていた。これは、江戸時代から続くひとつの伝統文化でもあった。

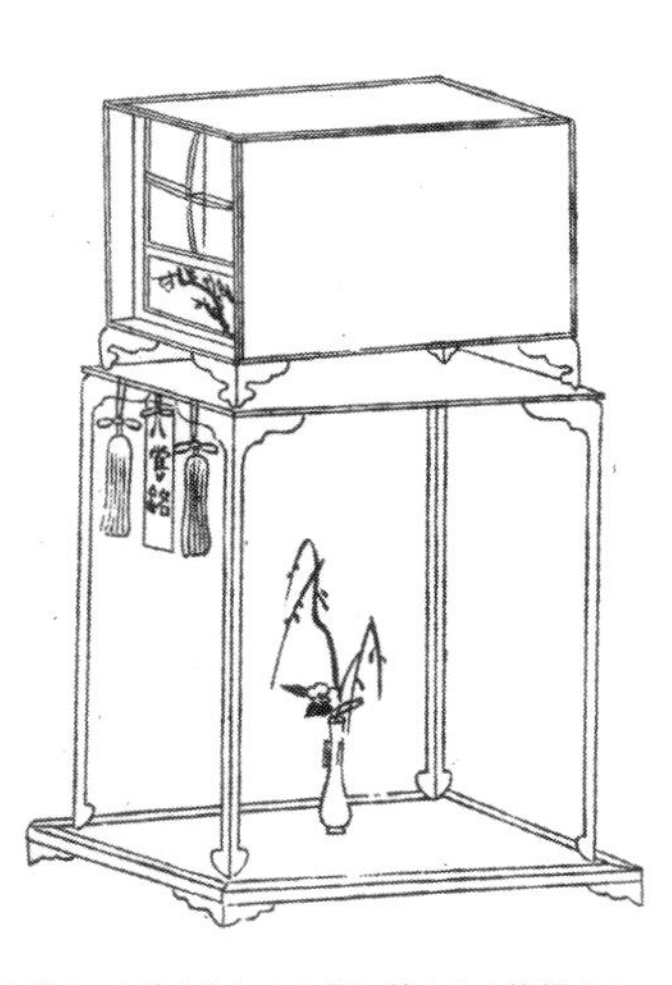

ウグイスの鳴き合わせの際に使われた籠桶のセット。前方のみ開けられるようになった木箱の中にウグイスの籠がおさめられている。暗くしているとウグイスはおとなしくしている。前が開いて明るさを感じると、さえずりだすしくみ。昭和の頃まで、同じような箱が使われた。『春鳥談』より

　江戸時代には、さまざまな鳥の飼育書や解説書が書かれたが、人気の鳥だったウグイスについ

ては、『春鳥談』（隅田舎主人鶯屋半蔵著）など、ウグイスだけに絞って解説する書籍も複数つくられ、飼育に役立てられていた。

また、そうした専門書から、「鶯会」や「鶯合」とも呼ばれた当時のウグイスの鳴き合わせ会の作法や状況などを読み取ることができる。詳細はこうだ。

江戸で行われるウグイスの鳴き合わせは、旧暦の1月下旬と2月中旬の2回、鳥の専門家である鳥屋の主人たちの主導で行われた。大名から町民、農家にいたる、あらゆる階層で飼われていたウグイスの中から、声のよいものを選び出し、ある村の家々を丸ごと借り切るかたちで、その一軒一軒にウグイスを置く。

審査をする複数の採点者がウグイスが置かれた家々をまわってその声を聞き、評価表に判定を書き込んでいく。最終的にその評価表を集計するかたちで順位がつけられ、相撲の番付表のような番付もつくられた。

「鶯合」の際は、出品者や関係者、選に漏れたウグイスの飼育者のほか、ウグイスに関心をもつ一般の人々もまた、家々をまわってさえずりを聞き比べることができたという。

ウグイスをよい声で鳴かせるためには、成鳥への成長過程で手本となるウグイスの声を聞かせ、その脳にはっきりと声を記憶させることが必須となる。そのため、「鶯合」で優秀とされた鳥のもとには、次の大会で上位を狙いたい者たちからの、若い鳥の弟子入り希望が殺到したという。こうした弟子入りを、一般に「付け子」と呼んだ。当然ではあるが付け子には、当時としてはかなりの金額が要求されたようだ。

鶯谷はつくられたウグイスの名所

親世代のさえずりを聞いておぼえるウグイスであるがゆえに、鳴き声には地域によるちがいもあった。江戸時代、江戸のウグイスは関西のウグイスに比べて声が濁っていてなめらかでないとされた。かなり主観的な主張にも思えるが、関西からやってきた者にとっては、江戸のウグイスの声は違和感があって、少し聞き苦しく思えたのかもしれない。

江戸時代、上野にある東叡山寛永寺では、京都から皇族がやってきて寺の住職位に就くのが習わしだった。また、上野から根津、根岸にかけては寛永寺の領地とされていた。

元禄時代に住職の地位にあった公弁法親王が江戸のウグイスの声に我慢がならなくなり、京都から美声のウグイス３５００羽を運ばせて根岸の里に放したという逸話は有名だ。放たれたウグイスはその地に定着し、根岸は「初音の里」と呼ばれるようになる。また、ウグイスが集まる谷として知名度が高まったことで、のちに「鶯谷」という地名も生まれた。

梅の花が咲いている時期に梅の木に飛来するのは、ほぼ100パーセントメジロ。撮影:神吉晃子

メジロ

スズメ目メジロ科　　留鳥／漂鳥

鳴き声：チィチィ、チョイチュールルル／地鳴き→チィチィ

体長：およそ12cm。民家の近くで見られる鳥としては最小の部類

背から翼の羽毛は黄緑色で、腹は白い。目の周囲にある、くっきりとした白いアイリングが名前の由来となった。伊豆七島や奄美大島などのメジロは亜種となっていて、日本には全6亜種が暮らす。中国大陸や朝鮮半島南部にも分布。チョウセンメジロは日本種に比べてアイリングの幅が少し広いのが特徴。

ウグイス

スズメ目ウグイス科　　留鳥／漂鳥

鳴き声：ホーホケキョ、ホーホケキョ ケキョケキョ／地鳴き→チャッチャッ ※ウグイスの地鳴きは「笹鳴き」と呼ばれる。

体長：14〜16cm。センダイムシクイなどのムシクイ科の鳥はよく似ていて、慣れないと見分けが困難

頭部から背、翼にかけては、わずかに緑味をおびた灰褐色の羽毛。胸から腹は淡褐色。目の前後に淡くのびる過眼線は黒褐色で、頬は淡褐色。羽毛色は雌雄同色。

ほぼ留鳥だが、東北や北海道の一部の鳥は冬場、暖かい南へと移動する。中国中部からインドシナ半島東部にも分布。

メジロは群れで移動し、ひらけた場所にもいるのに対し、ウグイスは単独行動で、藪の中など外からは見つかりにくい場所を好む。
撮影:山田ゆかり

ホトトギス（時鳥／不如帰／杜鵑）

万葉人も知っていたホトトギスの托卵

『万葉集』の長歌の中に、こんな歌がある。

「鶯の生卵の中に霍公鳥　独り生まれて　己が父に　似ては鳴かず　己が母に　似ては鳴かず――（以下略）」

作者は高橋虫麻呂。この歌は、彼の作品がまとめられた『高橋虫麻呂歌集』から選び出され、『万葉集』に加えられたものだ。これが、ホトトギス類（カッコウ類）の托卵を、歌のかたちで表現した日本最古の資料となる。

霍公鳥はホトトギスのこと。「生卵」は雛が孵る卵、すなわち「有精卵」を意味している。「ウグイスの巣に産みつけられた卵からホトトギスが孵ったが、その声は親（ウグイス）には似ても似つかない」と、この歌は語る。

ホトトギスは、ウグイスの親が離れた一瞬の隙をついてその巣を訪れると、わずか数秒で自身の卵を産みつけて去る。その際は、ウグイスの卵をひとつ、銜えている。卵が増え

ホトトギス。『梅園禽譜』より

ていると、本来の親であるウグイスが托卵に気づく可能性があるので、一個減らして数合わせをするためだ。

ウグイスのオスはメスと交尾をするだけで、子育てには一切関与しない。メスに食べ物を運ぶことさえしない。そのためメスは、ただの一羽で卵を抱き、雛を育てあげることになる。だれも手伝ってくれないので、抱卵開始後も自身の食事などのために頻繁に巣を空ける。そのあいだ、卵を守るものはだれもいない。そこにホトトギスがつけ込む隙がある。

卵はホトトギスの方が若干大きいものの、ともに無地の濃暗赤色（のうあんせきしょく）（チョコレート色）をしているため、ウグイスの目には色的にもほとんど違和感がない。どこか変だと感じたとしても、大概はそのまま卵を抱き続けてしまう。そして、最終的に自分よりも大きくなるホトトギスのヒナに、せっせと食べ物を与えることになる。

幼い雛に食べ物をねだられると、ついつい与えてしまうのは、多くの鳥類がもっている母性本能的本能。気がついたときには相手は十分に成長していて、巣立った背中から、しでかしたまちがいを悟ってもあとの祭り。来年、同じことを繰り返さない保証もない。

ちなみに、同じウグイスの巣に別のホトトギスが卵を産みつける可能性も、わずかではあるが存在する。その場合、先に孵化した雛が、巣の本来の子であるウグイスの卵とともに同胞の卵も巣外に落として殺してしまう。生き残るのは、どちらか一方のみ。托卵のきびしさと生存競争の非情さを、あらためて実感する場面だ。

なぜ托卵をする？

ハチドリほどではないが、ホトトギス類も自身の体温を保持する能力が低く、気温の変化や運動状況などによって体温が10度も上下することがわかっている。

ホトトギス類が日本に渡ってくるのは初夏の前後で、日の出前などはまだまだ寒い。そんな時期に自分で卵を抱いたとしたら、孵化は途中で止まり、中の雛が死んでしまう可能性が高い。それが、ホトトギスやカッコウが、ほかの鳥の巣に托卵し、自身で子育てをしない理由ではないかと推察されている。

本来、子を産み捨てにしない生物は、自身の血を引く子を自分の手で育てたいと本能的に願う。ホトトギスにもそんな心があるかもしれない。しかし、自分で育てたいけれど、そうすると愛しい子を自身の手で殺してしまうかもしれない。だから泣く泣くほかの鳥に卵を預けているとしたら……？　私たちは、そんなホトトギスやカッコウを「ひどい鳥」とか「悪賢い鳥」と責めることができるだろうか？

ホトトギスは日本に夏を告げた

日本人の鳥の認知の始まりがわかる『古事記』や『日本書紀』の神話部分には、ホトトギスもカッコウも登場しない。しかしホトトギスは、その後に編纂された『万葉集』では、もっとも登場数が多い鳥となっている。

『万葉集』には、仁徳天皇（古墳時代の西暦400年代前半に天皇位）の時代の歌から、淳仁天皇在位の759年（奈良時代）の歌まで、三百数十年にわたる期間の歌が収録されている。つまりホトトギスは、歴史時代が始まるとともに表舞台に登場したことになる。

もちろん、それにも理由がある。

大和朝廷が成立して宮廷が機能するようになると、これまで以上に暦や季節が重要視されるようになった。当時、四季は、旧暦の1〜3月が春、4〜6月が夏、7〜9月が秋、10〜12月が冬といったように、ざっくり大きく分けられていた。

ウグイスが鳴けば春、ホトトギスが鳴けば夏、カリが渡ってくると秋、カモやハクチョウが水辺でたたずんでいると冬。こんなふうに、季節の始まりと特定の鳥種が来訪する時期がうまく重なっていたため、これらの鳥が季節の指標となったのも自然な流れだった。

なかでも夏が最重要視されたのは、暮らしていくために重要な米などの作物の実りが、夏がちゃんと訪れ、一定の気温と日照が確保されるかどうかにかかっていたためだ。

夏の天候が不順だったり短かすぎると飢饉になりかねない。食料や国家財政の担当者はもちろん、一般の人々も夏の訪れの報告に一喜一憂したことは想像にかたくない。

そんな夏を告げる存在が、ホトトギスという鳥だったのである。そのため、ホトトギスが来ないと嘆いたり、ホトトギスの初音に歓喜した歌が、たくさん残されている。

ちなみにホトトギスを詠んだ歌は、153〜156首もあり、次に多いウグイスやカリの3倍近くもあった。ただ、『万葉集』にこれほど多くのホトトギスの歌が残っているのには、こうしたこと以外にもいくつか理由があった。

第一に、ホトトギスに特別な愛着を感じていた万葉歌人がいたことが挙げられる。奈良時代の歌人・大伴家持（おおとものやかもち）は、ただひとりで66首ものホトトギスの歌を遺している。その数は、『万葉集』の中にあるすべてのウグイスの歌の数に匹敵するほどだ。それだけ詠めば、確かにホトトギスの歌が突出して増えることになる。

もう一点挙げたいのが、この時代、カッコウは人々から独立種（どくりつしゅ）として認識されておらず、ホトトギスと同一視する者が多かったという事実だ。ちがう種と理解していた者の中にも、同じグループに属する鳥なのだから「ホトトギス類」でいいだろうと、あえてホトトギスの名で詠んでいた者がいた可能性もある。つまり、ホトトギスの歌としてカウントされているものの中には、実はカッコウを指していたものも、そこそこあったと考えられるのだ。

ある時期、知名度が逆転するホトトギスとカッコウ

日本に飛来するカッコウ科の鳥は、カッコウ、ホトトギスに、ジュウイチとツツドリを加えた4種。ジュウイチは若干異なるものの、ほかの3種は見た目もよく似ていて、4種すべてが托卵をする。ただし、大きさには若干の差もある。

体長35センチメートルのカッコウに対して、ツツドリとジュウイチは32センチメートル、ホトトギスは28センチメートル。4種のうちでは、ホトトギスがもっとも小さい。

とはいえ4種ともに「小鳥サイズ」を超えた大きな体をしていて、巣で孵ったそれぞれの雛が仮親（かりおや）よりもずっと大きく成長することも共通する。こうしたことから、特にカッコウとホトトギスは、少なくとも平安時代中期までは混同されがちだったと推測されている。

やがてカッコウも独立した種として認識されるようになるが、それには鳴き声や鳴き方のちがいが人々の意識に浸透したことが大きく影響している。

ホトトギスがよく鳴くのは夕方から早朝で、暗闇の中を飛行しながら、「キョッキョン・キョキョキョキョキョ」と高らかに声を響かせる。その声は人々にさまざまに聞かれ（「聞きなし」という）、「テッペン・カケタカ」とか「ホッチョン（包丁）・かけたか?」などと聞き取られたほか、近年では、「トッキョ・キョカキョク（特許、許可

ホトトギスもカッコウも、2〜3週間で親と同じサイズにまで成長。巣立つ直前のホトトギスの雛はほとんど親と同じ大きさ。体長で仮親のウグイスの2倍、体重は数倍になる。

局)」などと聞こえてしまった例もあった。

ホトトギスは里にもやってきて、民家の近くでも鳴く。ウグイスが定着している場所なら、托卵する相手を探してホトトギスも来る。大都市周辺でも、その声を聞くことがある。

一方、カッコウは民家の近くにはあまり寄りつかず、人里から少し離れた山の林から深山にいて、静寂な環境の中、よく響く声で「カッコウ」と鳴く。

ちなみに「閑古鳥(かんこどり)が鳴く」の閑古鳥はカッコウのこと。閑古鳥と書くと、なんとなく、物寂しさも感じてしまうが、そんな環境にカッコウは生息している。このように、生活圏が人々の生活と離れていたことが、カッコウの認知が遅れた理由のひとつと考えられる。

しかし、人々の暮らす場所が拡がり、移動も増えると、カッコウが鳴く森の近くで暮らしたり、そこを訪れたりする人も増えてくる。カッコウとホトトギスが明確に別種と認識されたのは鎌倉時代のこと。以後、認知度としてはカッコウが優勢になって今に至る。

ヨーロッパでもカッコウはカッコウ

カッコウの名前の由来は、その鳴き声。「カッコウ」と鳴くからカッコウの名がついた。イギリスではカッコウの声は、「cuckoo（クークー）」と聞こえた。フランス人の耳にも、

「coucou（クークー）」と聞こえた。その結果、どちらの国でも、その音がカッコウという鳥の名称となった。

つまりカッコウは、ヨーロッパでもやはりカッコウだったということになる。

提供：photolibrary

ホトトギス

カッコウ目カッコウ科　夏鳥

鳴き声：オスは、キョッキョン キョキョキョキョ。メスは、（弱く）ピピピピ、など

体長：28cm。ヒヨドリとほぼ同じ。カッコウはひとまわり大きく、35cmの体長でキジバト大

頭部から背、腰のつけ根（上尾筒）まで灰色で、翼と尾は黒褐色。腹部は白い羽毛に横斑と呼ばれる横線が目立つ。カッコウも似た姿をしているが、横斑はホトトギスの方が太く、くっきりしている。ほぼ雌雄同色だが、メスには全身が茶褐色の「赤色型」の鳥もいる。

東南アジアから、初夏に日本に渡ってきて、主にウグイスに托卵するが、まれにホオジロやイイジマムシクイの巣に卵を産みつけることもある。オスは深夜から早朝にかけて、よく響く声で鳴く。暗闇の中で声が移動するのは、飛行しながら鳴くことも多いため。

ホトトギスは、ウグイスが繁殖する都市郊外の平地から山地にかけて暮らす。

セキレイは都会暮らしが性に合う？

ハクセキレイ（白鶺鴒）とセグロセキレイ（背黒鶺鴒）

都会に暮らすハクセキレイは、遅くまで人通りの絶えない駅前の樹木などを夜に休む場所（＝ねぐら）としていることも多い。神経が太いというか、その姿はなんとも恐れ知らずに見える。

混同されることも多いが、親鳥が巣立ちまで雛を育てる場所が「巣」で、抱卵・育雛期以外の夜の寝場所が「ねぐら」だ。ほとんどの鳥がこの2つを明確に分けている。ハクセキレイのように多数の鳥が集まって眠る場所を「集団塒（ねぐら）」と呼ぶ。

夕刻になるとカラスなども大きな集団をつくることがあり、集まりつつある数百羽の声が騒音と指摘されることも少なくない。それでも最終的に集まって眠る場所は、小さな林など、比較的静かなところが選ばれることが多く、そこで声も羽音もひそめて眠る。

眠っているときはふだんより無防備になりがちなので、鳥の多くはより安心できる静寂な空間を探す。静かな場所なら、かすかな物音もはっきり聞き取ることができるためだ。騒がしい場所では、敵が忍び寄っても気がつかない可能性がある。それは絶対に回避したいと鳥たちは思う。

そんな多くの鳥とはちがい、ハクセキレイはときに電灯も近く、おせじにも静かとはいえない場所をねぐらに選んだりする。下をたくさんの人間が歩いていても気にしない。

これはある種の逆転の発想で、常時人間がいる場所なら、自分たちを襲う可能性があるほ乳類も、夜行性の猛禽も近づいてこないという判断によるもの。見晴らしのよい、ひらけた場所で数百羽という大集団で眠ることで、万が一の場合も、だれかが気づいて逃げられるはず、という思惑もそこにはある。

日本で代表的な3種のセキレイのうち、ハクセキレイとセグロセキレイの2種が集団塒をつくる。ハクセキレイの方が大集団になりがちで、人間の生活空間のすぐそばにねぐらをもつことをいとわないのもハクセキレイの方だ。

実は、ハクセキレイが都心の街路樹などをねぐらにするようになったのは1980年代以降のこと。それから、わずか30年ほどしか経っていない。そもそもハクセキレイは、かつては北海道と東北地方の沿岸部でのみ繁殖し、関東ほかでは冬場にのみ見られる鳥だった。

キセキレイ。『百鳥図』より

20世紀のどこかで日本列島を南下しはじめたハクセキレイは、１９７０年代に関東に進出。もちろん途中で、関東以北の各都市への進入もあった。そして、それからわずか十年で人間の社会に完全に溶けこみ、多くが当たり前のようにそこで暮らすようになってしまった。現在は、九州までの広い地域に彼らの姿を見る。

ハクセキレイが特に大きな集団をつくるのは、秋から春までの冬季だ。人間の町はその周辺部よりも暖かいので、安全＋暖を求めて都市に集まってくるとする説もある。

こうした背景も含めていえるのは、ハクセキレイがなじんだのは、「人間の暮らし」ではなく、「現代の都会の人間の暮らし」だということ。日本の都市に限らず、ロンドンなどの欧州の都市でも同じような暮らしをしているという報告がそれを裏付けている。

ハクセキレイ。『百鳥図』より

セキレイは尾を振る

日本人は、その歴史のごく初期から、水辺などで見かける細身で尾の長い鳥、セキレイを認識していたことがわかっている。『古事記』や『日本書紀』に記された「日本神話」には、カラス、ハクチョウ、カリ、サギ、スズメ、キジ、トビ、カワセミ、ウ、ニワトリなどに交じって、セキレイも登場するからだ。

セキレイが登場するのは神話の冒頭部分。日本の国土を生み出すように命じられたイザナギとイザナミが、夫婦の営みのやり方がわからずに困り果てていたところ、現れたセキレイが上下に尾を振る姿を見て、問題の解決法を思いついたというもの。身近な鳥だったからこそ、こうしたエピソードがつくられたのだろう。

日本でよく見かけるセキレイは、セグロセキレイ、ハクセキレイと、羽毛に黄色が目立つキセキレイの3種。ほかに、旅鳥のイワミセキレイなどがいるが、数は少ない。

キセキレイとセグロセキレイは、はるかな昔から、川の上流と下流——山側と海側で棲(す)み分けを行っていた。このうち、生活圏が人間に近かったのはセグロセキレイの方。

また、日本神話の舞台は主に西日本だが、この時代はまだ、ハクセキレイは北海道や東北地方北部でのみ繁殖していたことを考えると、神話に登場したのはセグロセキレイだった可能性が高いように思えるがどうだろうか。

名前の由来

ちなみに、セグロセキレイやハクセキレイ、イワミセキレイという個々の名称は江戸時代につけられ、その名が鳥の飼育書などに明記されたことで定着した。

奈良時代までは、すべてのセキレイが、「にはくなぶり」、「つつ」、「まなはしら」などの同一名で呼ばれていて、少し経つと、神話のエピソードから「とつぎおしへどり」という

セグロセキレイ（上）とハクセキレイ（下）。小野蘭山の門人だった木村蒹葭堂作の図譜『蒹葭堂遺物 禽譜』（1800年ごろ）より。国立国会図書館収蔵

名で呼ばれることも出てきた。また、その後、「にわたたき」という名も生まれた。地面を歩きながら尾を振る様子が、庭を叩いているように見えたためと考えられている。

平安時代から鎌倉時代になっても、セキレイ類はこうした名のどれかで呼ばれ、細かい分類はされていなかった。多少、色柄がちがっていても、同じように尾を振る様子から、「セキレイはセキレイ」とずっと思われ、それでいいと考えられていたのだろう。

なお、今いうところの「セキレイ」は、この鳥の漢名「鶺鴒」を音読みにしたもので、室町時代になって定着。以後、この名前で呼ばれることが増えたことがわかっている。

ハクセキレイ。撮影:神吉晃子

ハクセキレイ

スズメ目セキレイ科　　留鳥
鳴き声:チュチン チュチン、チチン チチン
体長:21cm。ムクドリよりもひとまわり小さいが、細身で尾が長いために体幹はかなり小さく見える

黒い頭部、灰黒色の背中、黒く長い尾が特徴。顔には、クチバシから目を通り後頭部へといたる黒い羽毛の線(過眼線〈かがんせん〉)があるのがオスの特徴。ただし、個体ごとの配色の差が大きく、なかにはセグロセキレイにかなり近い色の鳥もいる。メスはオスに比べて色が淡く、唯一濃い色だった頭部も、冬場になると灰色に変わる。東南アジアの赤道直下の島々とヒマラヤを除いたユーラシアのほぼ全土に分布。アフリカ北部で子育てする集団もいる。

セグロセキレイ

スズメ目セキレイ科　　留鳥
鳴き声:ツツチィー ジョイジョイ
体長:およそ21cm。体の形状、体長ともにハクセキレイとほぼ同じ。日本にいるもう1種のセキレイであるキセキレイも、ほぼ同じ体格、体長をしている

頭部から背、尾にかけての羽毛が黒い。目のラインから頬、胸にかけても黒色。腹は白い。雌雄がほぼ同色で、夏羽・冬羽も大きくは変わらない。朝鮮半島南部で繁殖した記録があるが、日本固有種とされる。

セグロセキレイ。2種はとてもよく似ているが、顔の黒い部分と背の色で見分けがつく。
撮影:神吉晃子

なかったことにしてしまう!?　ウソ（鷽）替えの神事

ウソ（鷽）

「言霊（ことだま）」というものを、なんとなく信じている日本人も少なくないように思う。うっかり言ってしまうと本当になるかもしれないので、口にしないようにしたり、自分の中で特定の言葉や内容にふれないように注意をしているという人も多そうだ。それでもつい口からこぼれてしまい、「しまった」と後悔したり、自分を責めたりすることもある。

江戸時代やそれ以前に生きた人々は、現代人よりもずっと信心深く、迷信に振り回されることも多かったはずで、うっかり言ってしまったときの後悔や恐怖は、おそらく、私たちが想像する以上のものだったにちがいない。それゆえ、言ってしまったことを取り消したいとか、なかったことにしてしまいたいと強く願った人も多かったはずだ。

また、だれにも、いつの時代でも、凶事（きょうじ）や不運が続いて気持ちが沈んでしまうことはある。早くこの状態が終わって心穏やかに暮らせる日々が戻ってきてほしいと願うのも自然なことだ。だが、そんな改変ができるのは、「神」と呼ばれる存在くらいしかない。

だから、神様の力で「なかったことにしてもらう」、「嘘ということにしてもらう」しくみをつくった。その主役こそが、鳥の「ウソ（鷽）」だった。

太宰府の天満宮から始まった「鷽替（うそかえ）の神事」

ウソ。『梅園禽譜』より

江戸時代、九州・太宰府の天満宮では、旧暦の正月（1月）7日に、鳥のウソに似せて彫った木片（木うそ）を着物の袂（たもと）に入れて持ち寄った参詣者が、「うそを替へむ」と言いながら、たがいにこっそり交換する行事が行われていた。そうすることで、前年の凶事を嘘に替えて、続いた「良くないこと」を終わらせることができると信じられたからだ。

それは、昨年のことが嘘になったことで、今年の「吉」が保証されるという思想にもとづくもの。今に伝わる「鷽替の神事」の原型となったイベントである。

文政2～3年に、大坂の大阪天満宮や江戸の亀戸天神社でも同様の行事が行われるようになったことで、「鷽替の神事」は国内に拡散した。現在は、菅原道真を祀る全国の神社（天満宮）を中心に広く行われている。この神事が天満宮を中心に行われることになったのは、その昔、菅原道真がウソに助けられ、難を脱することができた逸話が残っているためと説明される。菅原道真とウソには浅からぬ縁があったようだ。

現代になっても、ウソの木像が主役であることは変わらない。だが、江戸時代のように自作の木彫りのウソを交換するところはほとんど見られなくなった。多くは初穂料を納めて、神社が授与する手彫りのウソ（多くは神職みずからが彫る）を受け取ったのち、そのウソをあらためて交換してもらうことで除災招福を願うかたちになっている。

「去年の悪しきはうそ（鷽）となり、まことの吉に取り（鳥）替えん」という鷽替の神事は、言霊を信じる国民性だからこそ、それを逆手に取った「祓い」のしくみだった。

「口笛を吹く」＝「うそぶく」が名前の由来

鎌倉時代にはすでに、この鳥はウソという名前で呼ばれていた。漢字では、鷽のほか、嘯鳥（とり）とも記された。「嘯」は「うそぶく」で、当時は「口笛を吹く」ことをそういった。つまり「嘯鳥」とは、「口笛を吹くようにさえずる鳥」の意味で、そこから「ウソ」の名前がついたのだという。「よく人に馴れ、飼育される籠の中でも、口笛にも似た声をしきりに聞かせてくれる鳥」と、江戸時代の鳥の解説書の説明にもある。

人間が吹く口笛に近いその声質を、もの悲しげと感じた者もいたが、多くは好ましく受け止めていたようだ。また、オスだけがさえずる鳥が多い中、メスもさえずるウソは鳥好きの人々から高い評価を得ていった。

ウソは、声のよさや見目のよさに加えて、籠の中でのおっとりした挙動などから、「鷽（うそ）姫（ひめ）」や「琴弾鳥（ことひきどり）」とも呼ばれ、愛された。琴弾鳥の名称は、さえずる際、指で琴の弦をつまびくように、足を交互に上げるしぐさを見せることに由来すると、人見必大（ひとみひつだい）の『本朝食鑑（ほんちょうしょっかん）』（元禄10年／1697年刊）ほかに記されている。

ただし、ウソは暑さに弱い。日本の平地の夏はウソが暮らしていける気温ではないため、繁殖は北方か二千メートルを越える高山途中（亜高山（あこうざん））の林で行い、秋が深まり、寒くなった時期のみ平地に移動して過ごす。そのため、飼育したいと思う者は、住環境を涼しく保たなくてはならなかった。飼育者はこの点で苦労が多かったようだ。

照鷽と雨鷽

ウソは冬場に人里の近くや平地の林にやってくる。冬鳥らしく、あまり派手な羽毛色はしていない。オスは尾羽と風切羽と頭部が黒く、それ以外が灰色。頬から喉元にかけての紅色が目立ち、それがこの鳥を認識させる強いアクセントになっている。ただし、これはオスのみがもつ特徴で、メスには紅色の羽毛はない。また、オスでは灰色になっている部分が、メスでは淡い灰褐色になっている。

頬から喉元に見られる陽の光にも似た鮮やかな紅色から、オスのウソは「照鷽（てりうそ）」と呼ばれ、地味なメスは「雨鷽（あまうそ）」と呼ばれた。天気を予知する民間のことわざに、「鷽のオスは晴れを呼び、メスは雨を呼ぶ」というものがあるが、これは照鷽や雨鷽という名称や、それを解説する書籍をもとに、あとから生まれたもののようだ。

なお、ウソは広くユーラシア大陸に分布するため、ヨーロッパ方面でもよく知られた鳥だ。全体としては十数種の亜種に分かれる。日本では留鳥として、よく知られたウソ（亜種ウソ）がいるほか、ロシアのサハリンで繁殖する亜種のアカウソも飛来する。アカウソの特徴は、頬から腹まで鮮やかな朱色をしていること。それが名の由来となった。

涼しい〜寒いくらいの気温が快適のようだ。撮影:谷修二

ウソ

スズメ目アトリ科　　冬鳥／漂鳥

鳴き声:フィヨフィヨ、フィーフィー／地鳴き→(短く)フィー、フィッ

体長:16cm。スズメよりも大きく、丸みをおびた体型をしている

オスは、クチバシまわりから後頭部にかけて、帽子状の黒い羽毛があり、頬から喉元は紅色。翼と尾は黒色で、背は少し濃い灰色。胸元から腹は灰色をしている。腰から尻は白色。

ユーラシアの温帯から亜寒帯に広く分布。日本のウソは2000 〜 2500mの亜高山針葉樹林や北海道の低地のカラマツ林で繁殖。冬場は全国の平地、林で見られる。亜種ウソのほか、サハリンに分布する亜種アカウソも冬場によく飛来する。シベリア東部で繁殖し、冬に日本に飛来する亜種ベニバラウソは、まれな冬鳥。腹部の赤みが強く、国内にいるウソよりも若干、大きな体をもつことから、江戸時代の一部の図譜（＝図鑑）では、ベニバラウソを「大ウソ」という名でも紹介している。

ウズラ（鶉）

江戸の人は巾着ウズラを腰に下げて連れ歩いた

ウズラは、ニワトリやキジ、ライチョウなどと同じキジ目の鳥である。小さく丸い体や短い翼から「飛べない鳥」と信じている人も多いが、実はウズラの体には優れた飛翔力が備わっていて、野生のウズラはその翼で日本国内を長距離移動する。

それどころか、一部は冬場、中国北東部や極東ロシアなど、北アジアから渡ってきて日本で越冬し、また別の一部は、夏の日本で繁殖し、冬に東南アジアへと帰っていく。彼らはれっきとした渡り鳥であり、海を渡っていくだけの飛翔力と体力を有している。

ウズラは奈良時代からよく知られていて、当時からウズラ（ウヅラ）の名前で呼ばれていた。『万葉集』の中にも、柿本人麻呂（かきのもとのひとまろ）が詠んだウズラの歌が残されている。

しかし、そんなウズラも、開発が進んだ明治以降に激減し、近くて遠い鳥になってしまった。ウズラの卵は知っていても、ウズラをその目で見たことがある人はほとんどなく、飛翔する野生のウズラを見た経験をもつ日本人など、今や皆無に近いだろう。

巾着袋に入れてウズラを連れ歩く

ウズラは、江戸時代を通して好まれた人気の高い飼い鳥でもあった。昭和でいえばジュウシマツ、今でいえばセキセイインコ並、といえばわかりやすいだろうか。なにせ、「Q&A方式でわかりやすいウズラの飼い方（仮）」のような本まで書かれたくらいである。

今とちがって広く国内に分布していたため、習性や生息地を知っている人間なら、野のウズラを捕まえることも難しくなかった。小鳥屋でもふつうに販売されていたため、江戸時代には大名から農民まで、多くの人がウズラを飼い、ウズラと暮らしていたのである。

ウズラ。『梅園禽譜』より

江戸市中では、定期的にウズラの鳴き声コンテスト「鶉合（うずらあわせ）」も開かれて、優れた声の鳥は番付表に載ったりもした。声のいいウズラは周囲に自慢できる存在で、愛好者のあいだで高値で取り引きされたことはいうまでもない。

さらには、そんなウズラを巾着袋に入れ、腰に下げて連れ歩くことも流行した。そうやって、ウズラ飼いの仲間と見せあったり、出会った人々に美しい声を聞かせたりしたのだ。このようにして連れ歩かれたウズラは、「巾着ウズラ」と呼ばれた。

ウズラとおなじくらい人気があったウグイスは、雛から成鳥になる過程で優れた鳴き声を聞かせることにより、高度なさえずりを教え込むことができた。しかし、ウズラの脳には声の学習に関わる領域が存在しないため、声の善し悪しは親から受け継いだ遺伝子によって決まってしまう。ゆえに、声のよいウズラは、声のよい血統にしか誕生しなかった。

声のよいウズラは野生ではめったに見つからなかったため、よいウズラを求めようと思ったなら、声のよい親ウズラか、その子を譲ってもらうしかない。だからこそ、高値がつけられたのだ。しかし、声がよいとされるウズラの血統は幕末に絶えてしまい、今は残念ながらその声を聞くことが叶わない。その事実を、ただただ悔しく思う。

垂直上昇するウズラ

ウズラは身を隠すことのできる背の高い草地を生活の場に選んだ鳥だ。そこで地表の虫や地中の虫、植物の芽や種子、穀類などを食べて暮らす。もちろん、子育てもそこだ。

ただ、草むらは決して視界のよい場所ではないし、しかも国産キジ目の中でも最小の鳥であるウズラは、どんなに背伸びをしてみても遠くを見わたすことはできない。そのためウズラは、危険を感じたとき、まずは上に向かってまっすぐ飛び立つ習性を身につけた。耳から入った情報をもとに、危険な対象を背にするようにジャンプ。地面を蹴ってから1秒後には、草の背丈よりも上に出る。危険と思われる対象が視認できたなら、反対の方向に草をかすめるようにして一直線に飛び去っていく。これがウズラの危機回避術だ。

天下が泰平となったことも影響したのか、江戸時代に入ってすぐにウズラ飼育のブームが起き、飼育者が急増した。しかし、そうしたブームの陰で、ウズラの習性の理解不足などから、不幸な事故もたくさん起きた。

ウズラ籠。江戸時代の飼育書『喚子鳥』の挿絵より

江戸時代に書かれた鳥の飼育書や解説書には、不幸な事故から学んだことも含め、大事なことや先人の知恵が多数掲載されている。たとえば、当時の総合鳥解説書である『喚子鳥』には、ウズラの飼育に関して、「この鳥の籠の上には網を張り、下は砂を入れて飼うべし」とある。これはとても重要な示唆(しさ)となった。

この時代の鳥籠は、竹を丸く編んだ籠か、今も見られる木や竹製の四角い籠が主だった。ところが、そうした籠に入れられたウズラが、頭蓋（とうがい）の骨を折ったり首の骨を折ったりして死ぬ事故が多発する。

それは、先にも解説したように、驚いたり危険を感じたりしたとき、勢いよく垂直に飛び上がる習性がウズラにはあったためだ。ましてこの時代のウズラは、事実上の野鳥である。半端ではない飛翔力があだとなり、死亡率を高めてしまった。

最終的に鳥籠の上部を紐など、柔らかい繊維で編んだ網（メッシュ）に替えたところ、死亡事故が減少する。以後、このかたちがウズラ専用の籠として定着することとなった。

海外のウズラも輸入された江戸時代

当時の日本は鎖国状態にあったが、鳥の輸入に鎖国はほぼ無関係だった。ウズラブームのもと、ヒメウズラやヌマウズラなどの海外産のウズラも輸入されていたのである。

そんなブームの陰で不幸をこうむった鳥もいた。チドリ目ミフウズラ科のミフウズラだ。ミフウズラはその羽毛の配色などがウズラによく似ていて、ウズラよりもさらに小さい。そのためウズラの仲間と信じられ、「ウズラ」の名をつけられてしまった。

ミフウズラは台湾から琉球（沖縄）の島々にも分布していた。そうした土地から運ばれ、ウズラの仲間として飼育されていたことを、当時の図譜などから知ることができる。

ウズラはりっぱな地上生活者の足をもつ。唯一、日本人が家禽化した鳥でもある。撮影:坂祐次

ウズラ

キジ目キジ科　　夏鳥または冬鳥／漂鳥・留鳥

鳴き声:オスはグワックワー、クワックルー。メスはピーッ、ピピピピィー、など

体長:20cm

全体的に丸く小さい。オスは赤みのある褐色で、背中に淡黄色の縦斑がある。喉は赤褐色で、腹はクリームがかった白。顔では、クチバシ上部から目の上部を通り後頭部へと続く白く太い眉斑が目立つ。メスは褐色で、オスのような赤みはない。また冬場は雌雄ともに赤味や褐色味が減り、若干淡い色となる。

国内に留まるウズラは、本州中部以北で繁殖し、本州中部以南で越冬する。一部のウズラは冬場、東南アジアへと渡るが、中国・ロシアで繁殖するウズラの一部が日本へと渡り、越冬する。近年は渡ってくる鳥も、国内を移動する鳥もきわめて少ない。

3章
水辺でなごむ

タンチョウ（丹頂）

水戸黄門も長屋王もツルを飼った

舞鶴、鶴見、鶴間、鶴ヶ島、都留など、名前に「ツル」をもつ地名は全国各地にある。なかには鳥のツルとは無関係に成立した名もあるが、そこがかつてはツルの生息地、飛来地であったことからついた名はとても多く、軽く検索してみただけでも膨大な数が並ぶ。

それは裏を返せば、ある時期まで、ツルは日本の多くの土地にいた鳥であり、昔の日本に生きた人が、その目でふつうに見ることができた鳥であったことを意味する。

『万葉集』には次のような歌もある。

「足柄の　箱根飛び越え　行く鶴の　ともしき見れば　倭し思ほゆ」

険しい箱根の山を悠々と越え、西に向かって飛ぶツルの姿を足柄方面から眺めた作者が、大和を偲んで詠んだ歌だ。

この歌からは大和への思慕とともに、自分も自在に空が飛べる鳥だったら（とりにしあらねば……）と、現実からの逃避を願って歌を詠んだ山上憶良のような鳥への憧憬も感じられる。

同時にこの歌を通して、千年以上も前のこの時代はまだ、現在の神奈川西部にも、ツルの飛来や移動があったことを知ることができる。かつては大きな町の周囲にもそれなりの飛来があったが、自然が豊かで水に恵まれた地方ではおそらく、都市部よりもずっと多くのツルを見ることができたのだろう。

江戸の周囲にも数多くの飛来地、越冬地があり、毎年、秋の深まりとともに、その姿を見ることができた。本所・小松川、品川・目黒、千住・三河島周辺にツルの飛来地があったほか、江戸城の北北西、現在でいう新宿区早稲田鶴巻町あたりにもツルが来ていたことが知られている。鶴巻町の地名ももちろん、この地へのツルの飛来が由来となっている。

ツルの姿は浮世絵などに多数残る

江戸の人々が目にしたツルは絵画などにも残されていて、今もその姿を見ることができる。たとえば浮世絵師の歌川広重が連作のかたちで描いた江戸の名所『名所江戸百景（めいしょえどひゃっけい）』にも、舞うツルとたたずむツルが描かれた作品「箕輪金杉三河島（みのわかなすぎみかわじま）」がある。

「箕輪金杉三河島」に描かれたのはタンチョウだが、江戸の近辺にも複数種のツルが飛来していたことがわかっている。ただ、絵に映えるのはやはりタンチョウであり、人々が頭に思い描く瑞鳥もタンチョウだったことから、浮世絵や屏風絵、掛け軸などにはタンチョウが多く描かれることとなった。

なお、そうした絵の中には、松とツルが一枚におさめられた「松鶴図」と呼ばれるものも多い。ともに長寿の象徴であることから、よい組み合わせと考えられ、この組み合わせを好んだ絵師も少なくなかったためだ。もちろん、求められてそうした絵を描くことも多かった。

そうした絵の一部に、松の木にとまるツルを描いたものがあるが、ツルは地上生活者で、木の枝にはとまれないため、樹上にたたずむサギやコウノトリなどの姿をもとに、ツルに置き換えて描いたものとされる。

タンチョウ。『梅園禽譜』より

「鶴御成」と明治の乱獲

ツルが大きく数を減らし、見ることが難しくなった理由は、人間の乱獲にある。ツルは瑞鳥で、めでたい存在という思想があった一方で、長くその肉が重宝されてきたのも、紛れもない事実だ。

江戸時代にも「ツルは美味」と知られていて、ツルは将軍家や天皇家、大名や京都の公卿など、社会の上層にいる者だけが食べることを許される高級食材でもあった。そうした人々のなかには、グルメ的な嗜好に加えて、食べることでツルがもつという長寿にあやかりたいと願う者も確かにいた。

その一方で、社会の上層部の占有物であったツルに一般庶民が触れることは許されず、捕獲したり殺したりした場合、死罪も含めたきびしい罰が与えられることとなった。

加えて幕府は、ツルを鷹狩りの対象とした。江戸近郊のツルの飛来地ではツルを見守るための小屋が建てられ、餌付けも行われていたが、それはツルの保護を目的としたものではなく、鷹狩りの獲物確保のためというのが第一の目的だった。そのため、多くの場合、餌付け場と狩場が重なっていた。

徳川幕府の鷹狩りにおいて、最大の成果物とされたのがツルで、毎年11月から12月に行われていた将軍自らの鷹狩り「鶴御成（つるのおなり）」で捕えられたものは、早飛脚で京へと運ばれ、朝廷に献上される習わしがあった。シーズン最初に捕獲されたツルを「初鶴（はつづる）」と呼んで、これを朝廷に献上したのである。複数羽捕えられたツルは、御三家や高位の大名にも下賜（かし）されたことがわかっている。

それでも、江戸時代まで、ツルは一定数を保っていた。

ツルが大きくその数を減らしたのは、明治時代になってからのことだ。

肉を売る目的で大量捕獲されたほか、繁殖地の北海道の開発が進んでタンチョウが住み処としていた湿原や湿地が破壊されたことで、繁殖そのものが困難になっていった。さらには捕獲禁止を命じる法律が整備されるまでにかなりの時間がかかったうえ、狩猟禁止後も密猟が続いたことから、大正8年（1919年）には、タンチョウはほぼ絶滅状態になってしまう。

だが、それから数年後、偶然、生き残りが見つかる。今度こそはと強く保護が進められた結果、現在では千羽を数えるまでに回復した。国の特別天然記念物に指定され、保護がさらに強化されたのは昭和35年のことである。

ツルの呼称と長寿のイメージ

先に挙げた『万葉集』の歌にもあるように、ツルの古称は「たづ」で、この名は特に和歌で多用された。『万葉集』にはツルを詠んだ歌が50首ほどあるが、読みはすべてが「たづ」。この時代にはすでに「つる（鶴）」という字も存在したが、鶴と書いても「つる」と読まれた歌は一首もなかった。

一方で、もともと「たづ」はツルだけでなく、ツルに姿が似た大型の鳥の総称でもあり、古くはハクチョウやコウノトリに、この名で呼ばれていた例があったのも事実である。

平安時代になると、和歌にも「つる」の読みが使われるようになるが、「たづ」が優勢な状況は続いた。それでも、「つる」を「鶴」の一文字で表わし、「たづ」を「田鶴」と書くようになったことは、ひとつの変化といえるだろう。

中国からツルの長寿信仰が日本に入ってくるのは、ちょうどこのころのこと。それ以前の日本では、ツルの声に風情や悲しみを感じて歌に詠むことがあっても、「長寿の象徴」という思想は深くは浸透していなかった。「鶴は千年、亀は万年」という言葉が示すような、長寿の慶（よろこ）ばしい鳥というイメージが定着したのは、実はここ千年の歴史にすぎない。

ひとつ補足をすると、ツルは実際に長寿だ。さすがに千年を生きるツルはいないが、野生でも20～30年、飼育下ならタンチョウは、50～80年生きられることが確認されている。これは、江戸時代人の平均寿命を大きく超える数字となる。もともと鳥類はほ乳類よりも総じて長寿で、66歳を超えてなお子育てする野生のアホウドリさえいる。

飼育対象としてのツル

いつの時代も、またどこの国でも、社会の上層や権力の中枢に近いところにいる人間のなかに、大きな鳥や猛獣を飼ってみたいと願う者はいた。肉食の獣よりもずっと安全に飼育でき、見目も美しい鳥に惹かれた者は多かった。

奈良時代に生きた、天武天皇の孫にあたる長屋王もそんなひとりだ。その邸宅跡地からは、墨でツルの絵が描かれた須恵器が見つかっているほか、飼育の担当者「鶴司」に指名された3人の名前が記された記録書類がわりの木簡も発見されている。

木簡によると、飼われていたツルは2羽で、食べ物として米が与えられていたらしい。なお、そのツルは、おそらくはタンチョウだっただろうと推察されている。

タンチョウは身近な鳥の中では最大級の大きさを誇り、体高は子どもの背丈ほどもある。

こうした鳥を飼うことは、権力や財力のよい誇示になったはずだ。それが実感できるのが、平安時代を代表する権力者だった藤原頼長(ふじわらのよりなが)の屋敷でもツルが飼育されていたという事実だ。この時代には、屋敷でのツルの繁殖にも成功していたらしい。さらに時代が下った江戸時代は、水戸藩藩主だった徳川光圀(とくがわみつくに)が、藩の実務を退いた後に暮らした西山荘(せいざんそう)でツルを飼っていた記録がある。

このように、ツルを飼いたいと願う権力者が途切れなかったこともあってか、室町時代の京都には、生きたツルを売る店があったこともわかっている。もちろんツルは高価で、飼育するためのエサにもかなりの費用を必要とした。ツルのなかでももっとも費用がかかったのは、やはりタンチョウだったという。

ナベヅル（左）とアネハヅル（右）。現在はナベヅルも鹿児島県の出水市周辺にしか飛来しなくなったが、かつては全国で見られた。アネハヅルは小型のツルでありながら、ヒマラヤを越えていく飛翔力をもったツルとして知られている。当時も今も、ごくまれに日本に飛来する。『梅園禽譜』より

ここから室町時代の前後には、タンチョウだけでなく複数のツルが飼育対象になっていたことを知ることができる。さらには、飼われたツルを持ち寄って美しさなどを競い合う、「鶴合（つるあわせ）」という品評会が行われていたことも、複数の史料から判明している。

現在の日本での生息数はおよそ1200羽。提供：Pixta

タンチョウ

ツル目ツル科　　　留鳥

鳴き声：クルルゥークルルゥー、など

体長：140-145cm。体高は140cm。子どもの背丈ほどもある

日本産ツルのなかで最大。額から目先、喉から首が黒い。翼の内側にある次列、三列の風切羽が黒い。それ以外の全身は真っ白な羽毛に包まれ、雌雄は同色。頭頂部に赤い部分があることから丹頂の名がついたが、この部分は羽毛ではなく、でこぼこになったむき出しの皮膚。興奮して血流が高まるとふくらみ、さらに赤味が増す。国の特別天然記念物。

日本では留鳥として釧路湿原などの北海道東部で暮らし、ここで繁殖する。一時絶滅が危惧されたが、現在は回復傾向にある。このほかの個体は、中国・ロシア国境に近いウスリー地方などに暮らし、冬は中国東部と朝鮮半島中央部に渡る。

ナベヅル　ツル目ツル科　冬鳥　体長：100cm。

マナヅル　ツル目ツル科　冬鳥　体長：130cm。

クロヅル　ツル目ツル科　冬鳥　体長：115cm。

現在、これらのツルが見られる場所は鹿児島県出水地方や山口県周南市などに限られている。ツルの仲間は、全体的にはいまだに数を減らしたままで、個体数はマナヅルでおよそ6500羽、ナベヅルでおよそ12000羽とされる。マナヅルは、世界に生息する総数の半数以上が、ナベヅルはその9割が日本に渡る。

アネハヅル　ツル目ツル科　迷鳥　体長：95cm。

ヒマラヤ山脈を越えて、インドとチベットのあいだを季節移動する。その際、途中にあるヒマラヤが9000メートル近い高さのため、1万メートルもの高度を飛行することで知られる。

ユリカモメとミヤコドリの微妙な関係

ユリカモメ（百合鴎）とミヤコドリ（都鳥）

複数の名前や読みをもつ鳥も多い。

認知され、最初の名がつけられてから長い時間が経つあいだに名前が微妙に変化したり、省略形で呼ばれるようになったり、地方で呼ばれていた名や中国名などが加わって複数の名前をもつようになることも少なくない。そうした経緯から、十を超える異名をもつものもいる。

逆に、おなじグループに属する鳥や、見目が近いなど、似た特徴をもった鳥がおなじ名で呼ばれることもあった。古代において、大型の白い鳥ということから、タンチョウに加えてハクチョウなども「たづ」と呼ばれることがあったのが、そのよい例だ。

だが、見た目も暮らしぶりもまったく異なる鳥をおなじ名前で呼んでしまったがために、のちにさまざまな混乱が生じてしまった例もある。「みやこどり／都鳥」がまさにそうだ。

古い時代においては、現在のミヤコドリに加えてユリカモメも、同じ「みやこどり」と

尾張藩士にして本草学者でもあった水谷豊文が自らの手で描いた『豊文禽譜』（1810年頃）より。絵には鳥名として「カゴメ」という記述があるが、これはユリカモメ。国立国会図書館収蔵

いう名で呼ばれていた。

ユリカモメとミヤコドリは、習性も属するグループも異なる、まったく別種の鳥である。にもかかわらず、この2種が別々の場所で、ともに「みやこどり」と呼ばれ、公式な記録や文学作品にも、その名が残されてしまった。江戸時代に盛んにつくられた鳥の図譜（図鑑）や解説書さえも例外ではない。

いや。今の図鑑に相当する鳥の図譜にはっきりとその絵が残り、飼育書や解説書にも詳細な特徴が書かれたからこそ、今、私たちは「みやこどり」と呼ばれた鳥が2種類いたことを知っている。また、明確になった情報をもとに、さまざまな文学作品や日記に登場するみやこどりが、2種のうちのどちらだったのか判断することもできるようになった。

それでも特徴などを一切示さず、ただ「みやこどり」とだけ書かれた作品は、残念なが

ら判断が不能だ。みやこどりの名が出る文章が書かれた際の作者の居場所などがわかれば、鳥の分布や季節移動の情報から推測することが可能な場合もあるが、多くは困難である。

みやこどり2種の姿

ユリカモメは、その名のとおりカモメの仲間だ。カモメの中でも小柄な方で、越冬のために渡ってくる。冬場に日本で見られる小型のカモメは、ほとんどがこの種。海岸や桟橋などでカモメと思しき鳥を目にしたら、ユリカモメの可能性が高い。雑食で、魚だけでなくゴミとして出された残飯なども食べるため、ときにカラスと争いになることもある。

一方のミヤコドリは、カモメ類と同じチドリ目の鳥で、冬鳥として日本に飛来して、海岸や干潟、川の河口部などで越冬する。オレンジ色の長いクチバシとオレンジ色の足が特徴で、その長いクチバシを

ミヤコドリ。『百鳥図』より

使って干潟などにいる小動物を捕まえて食べる。かつては全国で見られたが、今は東京湾と博多湾周辺という限定された場所でしか見ることができなくなってしまった。

冬場のユリカモメは淡いグレーだが、ミヤコドリは遠目にも黒い羽毛が目立つ。ユリカモメは明らかにカモメの姿なのに対して、ミヤコドリは丸い体と長いクチバシが特徴のため、2種が並ぶとそのちがいは一目瞭然（いちもくりょうぜん）だ。

都鳥はどちら？

都鳥――みやこどり、という名はかなり古くから知られていて、『万葉集』にも、もちろん登場する。たとえば奈良時代の歌人、大伴家持は次のような歌を残している。

「舟競ふ　堀江の川の　水際に　来居つつ鳴くは　都鳥かも」

たくさんの舟が行き来する堀江川（ほりえがわ）（現在の天満川（てんまがわ）／大阪）の水辺で鳴く鳥は都鳥なのだろうか？　という内容だが、同時に詠まれた歌から、この歌が詠まれたのは現在の5月くらい（ホトトギスが飛来する時期）と推察されるため、すでにユリカモメは繁殖地に向けて飛び去ったあとと考えられる。だとすれば、この歌の鳥はミヤコドリの可能性が高い。

なお、その後のさまざまな史料の分析から、都鳥がミヤコドリと結びつくのは近畿圏など西日本が多く、逆に関東で都鳥といえば、ユリカモメを指していることが多いようだという指摘もあがっている。

　このほか、平安時代を代表する文学である『枕草子』にも、みやこどりの名がある。どちらの鳥か知る手がかりは作中にはないが、清少納言の行動範囲から見て、ミヤコドリだった可能性がわずかに高いようにも思う。とはいえ、それは推測であって確証はない。

『和漢三才図会』（正徳2年／1712年・序）で著者の寺島良安は、都鳥を「鴫ほどの大きさで、色は黒。ただ、嘴と足は正赤である。関東に多くいる。畿内にはいない。」と解説する。さらに『伊勢物語』からの引用として、「在原業平が都鳥を隅田川で見たという話が残っている。」と記す。

『和漢三才図会』の解説の鳥はまぎれもなくミヤコドリだが、業平が見た都鳥は、「白き鳥の嘴と足と赤き、しぎの大きさなる。水の上に飛びつつ魚を食ふ。京には見えぬ鳥なれば、皆人見知らず」と解説されるため、こちらはユリカモメの可能性が高い。

　もしもミヤコドリなら、業平は黒い鳥と記したはずである。ちなみに業平にこの鳥の名を教えたのは、そのとき彼の一行が乗っていた隅田川の渡し舟の船頭だった。

　なお、江戸時代、天保年間に描かれた『江戸名所図会』の「角田河渡」は、このときの業平らの様子を想像画として描いたものだ。業平一行を乗せた舟の船頭が指さす先にいる鳥はカモメである。

在原業平は『古今和歌集(こきんわかしゅう)』にも都鳥についての歌を残しているが、『伊勢物語』との関連が明白なことから、こちらもユリカモメだったと考えられている。

今でこそミヤコドリは見られる場所がかなり限られているが、中世のころは今よりもずっと多くの土地で見られていたはずである。それでも、日本に飛来する総数、人々が目にする機会の多さという点では、当時もユリカモメの方が勝っていた可能性がある。とはいえ、当時の両者の分布状況は今では知りようがないため、やはり鳥の特徴がないものは判断がきわめて困難だ。

先にも挙げた『和漢三才図会』は、今でいうところの絵入りの百科事典であり、刊行当時から高く評価されてきた書籍でもあった。そうした書でも解説に混乱が見られることが、都鳥という鳥の名の奥深さ、難しさを示している。

江戸時代の中期から後期には、都鳥と呼ばれる鳥が一種類ではないことに気づいた人間が何人もいて、個々のケースを考証してみた『都鳥考(みやこどりこう)』などの書籍もつくられていたことを追記しておこう。

ユリカモメは、現在もとても身近な鳥の一種だ。
撮影:佐藤慶太郎

ユリカモメ

チドリ目カモメ科　　冬鳥
鳴き声:ギーッ、ギーギー、ガッ、など
体長:40cm

夏の繁殖時期は顔が濃い焦げ茶色をしているが、ごく一部の土地を除いてこの姿を見ることはない。冬に見るユリカモメは、翼ほか体の上面は淡い青灰色。頭部と体下面は白い。足とクチバシはオレンジ色。目の後方の耳羽の少しうしろの部分と目の上の眉のあたりに淡い黒斑がある。雌雄同色。

冬場、全国の海岸、干潟、湖沼、河川に飛来する。ユーラシア大陸、内陸中部の水辺で繁殖し、東アジア、南アジア、ヨーロッパ、アフリカの沿岸部で越冬する。

ミヤコドリ

チドリ目ミヤコドリ科　　冬鳥または旅鳥
鳴き声:キリーッ、キュリー、ピリー、など
体長:45cm

シギの仲間のようにクチバシが長い。クチバシはオレンジ色で、先端部がやや黒め。足もオレンジ色。丸みをおびた体をもち、その上面の羽毛は黒く、下面は白い。雌雄同色。

東京湾や九州北部の海辺など、限定された土地で集団で越冬する。東アジア東部や北部、中央アジア西部、ヨーロッパ北部などで繁殖し、ヨーロッパ南西部、南アジアやアフリカ東部・西部の沿岸で越冬する。ニュージーランドにも住む。

干潟では丸い体型が目立つが、ミヤコドリもまた渡りに適した大きな翼をもつ。
撮影:山田ゆかり

ヤマトタケルは死してハクチョウに

オオハクチョウ（大白鳥）とコハクチョウ（小白鳥）

冬になると飛来する、オオハクチョウやコハクチョウ。

今、都内の水辺でその姿を見ることはほとんどないが、200年ほど前までは、不忍池（しのばずのいけ）や江戸城（現皇居）の堀にも毎年ハクチョウが飛来していたという。

皇居のお壕（ほり）には現在、輸入されたコブハクチョウがいて、そこを訪れる人の目を楽しませているが、江戸時代に城勤めしていた人の中にもきっと、冬場に登城する際、立ち止まって、お壕を泳ぐハクチョウを眺めることを楽しみにしていた人がいたにちがいない。

日本に飛来するハクチョウは2種いるが、江戸時代の人々には見分けがつかなかったため、どちらもハクチョウと呼ばれていた。当時、いくつもつくられた鳥類の図譜（図鑑）や鳥の解説書にも、ただ「はくちょう（はくてふ）」とだけ名が記されている。

2種が別種として鳥類図鑑などに載るようになるのは、明治時代になってからのこと。最初はオオハクチョウとハクチョウという分類表記だったが、やがてそのハクチョウはコハクチョウと呼ばれるようになって今に至る。

ハクチョウがいる川や池に行った際、それがオオハクチョウなのかコハクチョウなのか知りたいと思うこともあるかもしれない。そのときは、彼らのクチバシを見ることをお勧めしたい。そこにもっともわかりやすいヒントがあるからだ。

ハクチョウのクチバシのベースは黒いが、その上部には黄色いエリアがある。この面積が広く、クチバシの半分くらいまできているのがオオハクチョウで、上の方だけに留まっていて面積が小さいのがコハクチョウだ。ごく近いところまで寄ることが可能なら、その鼻の穴にも注目してほしい。穴のところが黒いのがコハクチョウで、黄色いのがオオハクチョウである。

だれかがこうした見分けの方法を発見していたら、江戸時代もこの2種を別々の鳥に分類していたことだろう。

『華鳥譜』より。江戸時代はまだオオハクチョウ、コハクチョウが分けられていなかったため、絵にはただ「はくてう」とある。クチバシ基部の黄色い部分の面積の広さから、モデルのハクチョウはオオハクチョウに近いように見える。

古名はくぐい（鵠）

ハクチョウの古名は「くぐひ（くぐい）」で、「鵠」や「久久比」と記された。奈良時代に登場してから安土桃山時代くらいまで、変わらずその名で呼ばれていた。ただし、奈良時代は、大きな白い鳥をまとめて「しらとり」や「おおとり」と呼ぶこともあり、ハクチョウもそう呼ばれた例があった。

平安時代になると「こう」や「こふ」とも呼ばれるようになる。その由来については、「鵠」の読みから「こふ」とも呼ばれるようになったという説と、「くぐひ」の「くぐ」も「こふ」も、ハクチョウの鳴き声からできたという2つの説があるが、どちらが正しいのかはわからない。今のハクチョウの名のもとになった「はくてふ」の名が登場するのは安土桃山時代で、江戸時代は、「くぐひ」と「はくてふ」が併用されていたことがわかっている。

霊鳥としてのハクチョウ

縄文時代人など古代に生きた人々にとって、秋に渡ってくるカモなどの水鳥は暮らしていくための貴重なタンパク源だった。その一方で、季節ごとに渡りを繰り返す水鳥に、彼岸と此岸を行き来する霊的な存在というイメージを重ねて見ることも少なからずあった。

弥生時代になって、農耕儀礼と深く結びついた鳥に対する信仰（霊鳥信仰）が大陸から入ってくると、日本に古くからある水鳥観や宗教観と、霊鳥信仰の重なる部分が結びついたかたちで、鳥への新たな信仰が形成されていく。

それは、水鳥とは死者の魂を運ぶもの、あるいは死者の魂そのものである、とする考え方だ。『古事記』や『日本書紀』に綴られた神話の中にも、そうした思想が投影されていることを、いくつかのエピソードから読み取ることができる。

ヤマトタケルの魂も白鳥に？

日本神話の後半を飾る英雄的な人物に、ヤマトタケル（倭建命／日本武尊）がいる。父・景行天皇の命を受けて西の熊襲や出雲の抵抗勢力を討ち、さらに関東まで東征したが、その帰路、能煩野（現・三重県亀山市）で倒れ、命尽きる。

ヤマトタケルの遺骸はその地に埋葬され、御陵（墓）がつくられた。妻や子が地に伏して嘆いていると、御陵から一羽のハクチョウが飛び立ち、西に向かって飛んでいった。その鳥を、ヤマトタケルの魂が変化したものと瞬時に確信した妻たちは、足が傷つくこともいとわず、泣きながら後を追ったという。

ハクチョウが降り立ったのは河内国の志紀。これ以上遠くに行かないでと願い、親族はそこに新たな御陵を築くが、ヤマトタケルの魂は地上に留まることなく、はるかな空の高みに飛び去ってしまった。その墓は、のちに白鳥御陵と呼ばれるようになったという。

これは『古事記』が示す顚末だが、『日本書紀』では能煩野から飛び去ったあと、2カ所に降り立ったため、あわせて3つの御陵がつくられたと伝えている。これがヤマトタケルの「白鳥伝説」の結末となる。ヤマトタケルが死んでハクチョウとなったこの奇譚には、おそらく、ハクチョウに代表される大型の水鳥を、魂の変化や、彼岸から此岸へ、此岸から彼岸へと魂を運ぶ存在とみなした弥生時代から古墳時代の思想が反映されている。

なお、この物語には後日談があり、ヤマトタケルの第二皇子であった仲哀天皇が、白鳥御陵の濠にハクチョウを放し、鎮魂を願おうとしたという話が『日本書紀』などに残る。

ハクチョウと天皇家が関わるエピソードはまだある。垂仁天皇の子であるホムチワケは三十歳になっても言葉を話すことができなかったが、ハクチョウと接することで言葉を話すようになったというのがそう。ヤマトタケルの話とは少し系統がちがうが、ハクチョウがもつ人知を超えた霊力が作用したという点では、少し接点があるようにも見える。

オオハクチョウ。秋の終わりに日本に渡って越冬する。撮影:著者

オオハクチョウ

カモ目カモ科　　冬鳥

鳴き声:コォー、クォー、など。コハクチョウに比べて大きな声で鳴く

体長:140cm

全身が白く、首が長い大型のカモ類。クチバシの先端と足が黒く、クチバシ基部には黄色い色が見える。コハクチョウよりも黄色い部分が大きい。雌雄同色。鳥類はほ乳類よりも頸椎(けいつい)の数が多いが、ハクチョウの頸椎は一般的なカモよりもさらに2〜6割も多く、そのため、どんなかたちにも自在に曲げられるようになっている。

北極圏で子育てして、冬に日本で越冬する。繁殖地はコハクチョウよりもやや南に位置する。

コハクチョウ

カモ目カモ科　　冬鳥

鳴き声:コォー、クォー、など。オオハクチョウに比べてやや控え目に鳴く

体長:120cm

全身が白く、首が長い大型のカモ類。クチバシの先端と足が黒く、クチバシ基部には黄色い色が見える。オオハクチョウよりも黄色い部分の面積が小さい。雌雄同色。

ユーラシア北部、北極海沿岸で子育てをして、越冬のために冬に日本に飛来する。

まっすぐ首をのばして飛翔するコハクチョウ。撮影:山田ゆかり

ヒスイに名を与えた水辺の宝珠

カワセミ（翡翠）

カワセミを漢字で書くと「翡翠」。宝石の「ヒスイ」と同じ字を使う。

そのためカワセミを、「宝石のヒスイから名前をもらった鳥」と信じ込んでいる方も多いが、もともとその名を冠していたのは鳥のカワセミの方。宝石の名は、水辺に暮らす青緑色の小さな鳥、カワセミの名前を頂いてつけられた。

カワセミは中国にもいて、その鳥に「翡翠」の漢名が与えられたのが、そもそもの始まりだった。

明の時代に刊行された中国の代表的な本草書『本草綱目（ほんぞうこうもく）』（李時珍（りじちん）著）によれば、もともと「翡翠」の「翡」は赤い羽毛のカワセミのオスを、「翡翠」の「翠」は緑の羽毛のカワセミのメスを表わしていたのだという。

しかし、わずかな色のちがいはあるものの、カワセミはほぼ雌雄同色。つがいを見ても、赤と緑の鳥には見えない。だが、少し発想を変えて、求愛のために向き合ったカワセミのオス・メスを、メスの背の側から見ると、もともとメスよりも赤味の強いオスの腹部の色がより赤く目立ち、その分、メスの背や翼の色が鮮やかな青や緑に見える。そうした視点で見たつがいが「翡翠」の名を生んだのではないかとも思うが、どうだろうか。

が、これはただの推測。本当のところはわからない。はっきりしているのは、時代の経過とともに「翡翠」の名から「赤」の意味合いが消えて「緑〜青緑」のイメージだけが残り、その後、固まった「緑」のイメージによく合う美しい緑色の宝石に「ヒスイ（翡翠）」の名がつけられたということだけである。

カワセミ。『華鳥譜』より

日本でカワセミに「翡翠」の文字があてられるようになったのは、室町時代のこと。以後、その名が定着し、カワセミはヒスイとも呼ばれることになる。しかし、カワセミには奈良時代から続く日本固有の呼び名があったため、名を示す漢字として使われるようにはなったものの、「ヒスイ」と呼ばれることはあまり多くはなかった。古来からの呼び名が残り続けたからこそ、この水辺の青い鳥は今も「カワセミ」と呼ばれ続けている。

ちなみにカワセミの羽毛の青や緑は色素による色ではなく、羽毛表面にある微細な構造が緑〜青の光を選択的に回折(かいせつ)させることでつくられている。だから、顕微鏡で羽毛を見ても、青や緑の色の粒はない。

一般に、こうしたかたちでつくられる色を「構造色(こうぞうしょく)」と呼ぶ。カラスの羽毛がときに紫っぽい色をおびて見えたり、ハトの首元の羽毛に紫や緑の色が見えるのもおなじしくみだ。

名前の変遷がグループを2つに分けた?

カワセミのほかに、日本にはヤマセミとアカショウビンがいる。この3種が日本の代表種だが、ほかに旅鳥としてごくまれに飛来するヤマショウビンや、過去に数例見つかったことがあるナンヨウショウビンといった鳥もいる。アメリカにはアメリカヤマセミがいて、インドネシアのジャワ島やバリ島にはジャワショウビンが、さらにオーストラリアには、人間が笑うような声で鳴くことから名前がついたワライカワセミが生息している。

このようにカワセミの仲間は、「〜セミ」と「〜ショウビン」で真っ二つに割れる。といっても、分かれるのは名前だけで、すべてが同じカワセミ科の鳥たちである。不自然に

ヤマセミ。『豊文禽譜』より

アカショウビン。『梅園禽譜』より

名前が分かれてしまったのはすべて、カワセミ類がたどってきた名の変遷によるものだ。

カワセミ類には、そび、せび、せみ、そに、そにとり、しょうび、など、さまざまな名があった。古いのは「そに」や「そにとり」、「そび」で、奈良時代にはこの名が浸透していた。『古事記』の中にある歌には「そにとり」の名が使われ、『日本書紀』には「そに」の名が見える。

鎌倉時代になると、「そび」が「しょび」に変化し、それが「しょうび」→「しょうびん」に変化したことがわかっている。「しょうびん」の名が定着したのは江戸時代のこと。一方で、「そび」は「せび」にも変わり、「せび」は「せみ」になった。

ひとつの名前が複数に変わっていくのはとても珍しいが、カワセミの仲間については、なぜかその珍しい事態が起こった。これが今の二極化を生んだ理由である。

もう一度あらためて紹介すると、日本には、カワセミ科を代表するカワセミのほかに、全身が赤いアカショウビンと、カワセミの2倍以上の体長をもつヤマセミがいる。

ヤマセミは白黒の鹿の子模様の羽毛に包まれた大型の鳥で、頭部には、カワセミ類には珍しい「冠羽」がある。それは、パンクロッカーとも揶揄されるくらいの派手で立派な冠羽だ。なお、体の模様から、過去には「かのこしょうび」と呼ばれたこともあった。

アカショウビンと、まれな旅鳥として飛来する青い羽毛が特徴的なヤマショウビンは、ともにヤマセミより10センチメートルほど小さい、ほぼ同じ大きさの鳥だ。ヤマセミはドバトやキジバトよりも3～5センチメートルほど大きいと解説すると、これらの鳥のサイズがよりイメージしやすくなるだろうか。

色や大きさにそれぞれ特徴があったため、これらのカワセミ類は別種と認識されて、室町時代には、川にいる「そび」をカワセミ、山あいの渓流に暮らす大型の「そび」をヤマセミ、赤い「そび」をアカショウビンと呼ぶようになった。これが日本のカワセミの仲間の現在の名称の由来である。

安土桃山時代から江戸時代にかけては、名前の混同も頻発し、地方で呼ばれていた名が加わるなど、さらなる混乱もあったが、最終的に現在の名称、現在のかたちにおさまった。

日本神話のなかのカワセミ

スズメのページで、日本神話にスズメが登場するシーンがあることに少しふれたが、おなじ天若日子（アメノワカヒコ）の葬儀の場面において、死者の葬送を請け負う一団（すべて鳥）の一羽として、スズメたちとともにカワセミも登場している。

葬儀にあたってスズメが与えられたのは米をつく碓女の役で、死者にすがりついて泣き続ける「哭女」にはキジが、箒や食物をもつ役目をカリとサギが与えられていた。カワセミに与えられたのは、死者に供える「御饌」をつくる「御食人」の役だった。

川に飛び込んで魚を捕まえる天性のハンターとしての資質が、材料をそろえ、食事をつくるという大事な役目をカワセミに与えることになったのではないかと推察されている。

水辺の宝石は穴蔵で育つ

鳥を見るだけでなく、その巣や卵を観察しているバードウォッチャーも多いことだろう。だが、カワセミの巣や卵を自身の目で見たことのある人は、ほとんどいないはずだ。

なぜなら、カワセミは軟らかい土に穴を掘って巣をつくる鳥だから。

その巣の内部や子育ての様子がはっきりわかるようになったのは、小型の内視鏡が開発されて観察に利用されてからである。

かつてカワセミは、川辺や池のほとりなど、日本の多くの水辺で見られた鳥だった。それが高度経済成長からあと、護岸のために川辺はコンクリートで固められ、さらに生活排水や工場の廃液などにより川の汚染が進んだことで、大きな川も小川も魚が住めなくなってしまった。

川土手などの軟らかい土に穴を掘って巣をつくってきたカワセミは、巣をつくる場所を失った。また、川からは小魚や、川海老などの食べ物が消えてしまった。こうして、はるかな昔から「清流の宝石」とうたわれてきたカワセミは、都市部では見られない鳥となってしまったのだった。

そんな状況が変わったのは１９８０年代のこと。行き過ぎた護岸工事をやめ、川の土手も一部が土になり、澄みはじめた川や池に魚が戻ってくると、いつしかカワセミも川で見られるようになった。それからの30年でカワセミの復帰は加速し、たとえば東京都内でも、小川や人工池の近くで、ふたたびカワセミの姿が見られるようになった。

今、カワセミの数は都市部でも確実に増えていて、昭和の初期や半ばにも住んでいなかった水辺でも、その姿が見られるようになったという声も聞く。

「清流の宝石」とうたわれたカワセミが多くの川に戻ってきた。撮影：谷修二

カワセミ

ブッポウソウ目カワセミ科　　　　留鳥／漂鳥

鳴き声：チィー、ツィー、チリリリー、など

体長：17cm。ヤマセミは38cm、アカショウビンとヤマショウビンは28cm

カワセミ科では国内最小。大きな頭に大きなクチバシ。尾はかなり短い。翼も小さく、長距離飛行には向かないように見えるが、意外に飛ぶ。頭からクチバシの先までの長さを基準に見ると、およそ 2.5頭身。一見バランスが悪そうだが、水中に飛び込んで魚を捕らえるには絶好の体型のようだ。

日本以外にも、ユーラシアの南部から中部に分布。アジア中部の鳥は、冬場に東南アジアやアフリカの地中海沿岸部へと渡る。

鵜飼は見る娯楽？　それともスポーツ？

ウミウ（海鵜）とカワウ（川鵜）

日本には、ウミウとカワウのほか、ヒメウとチシマウガラスがいるが、よく見られる代表的なウは、ウミウとカワウの2種。古い時代、ウミウとカワウは分けられることなく、ともにただ「ウ」とだけ呼ばれていた。

カワウは海辺にもいるが、川や湖沼などの陸地の水辺を中心に暮らし、ウミウは島や海岸線で暮らしている。カワウは南半球を含め、広く世界に分布するが、ウミウがいるのは日本の周辺から日本海・東シナ海の沿岸部くらいで、居住圏はかなり局地的。ウミウは日本近辺では、東北地方や北海道の沿岸で繁殖し、冬は関東以西に移動して越冬する。

ウが、海や川に潜って魚を捕らえ、大きな魚でも簡単に丸飲みしてしまうことは、おそらく二千年以上も前から知られていたはずだ。そして鵜飼（うかい）が始まると、人々は、ウが飲み込んだ魚を苦もなく吐き出すことも知るようになる。

歴史書でもある『古事記』や『日本書紀』の記述から、奈良時代か、あるいはそれ以前から鵜飼が行われていたことがわかる。また、『日本書紀』には「鵜飼部（うかいべ）」の名が残されていることから、『日本書紀』が成立した時期（720年）にはすでに、ウを使って魚を捕らえることを主務とする、役職としての「鵜飼部」が存在していたこともわかる。日本で鵜飼が始まった正確な時期は不明だが、最低でも千三百年以上の歴史をもつことは確かなようだ。

『華鳥譜』より、「う」。江戸時代はウミウ、カワウが同じ種と認識されていたため、描かれた絵も種の同定が難しいものが多い

ウという鳥について書かれた内容に関して、『古事記』や『日本書紀』にはもう一点、興味深いエピソードがある。それは、高天原の血を引いた神、火照命（ほでりのみこと）と結婚した海神（わだつみ）の娘、豊玉姫の出産のくだりだ。ふたりは、初代天皇となった神武天皇の祖父母にあたる神である。

長らく父親の海神のもとにいた豊玉姫は、月満ちて夫のいる地上へとやってくる。安産であることを願い、火照命と豊玉姫は、浜の波打ち際に出産のための産屋を建て、最後に産屋の屋根を黒いウの羽毛で覆う予定だった。陣痛が早く始まったため、ウの羽毛で葺いた屋根こそ間に合わなかったものの、御子は無事に産まれてきたと神話は綴る。

ウは飲み込んだ魚を、苦もなく、するりと吐き出すことができる。それを知った人々は、いつしかウと安産を重ねるようになった。ウの羽毛は安産のお守りであり、ウの羽を握って出産すると安産になるといった俗信の「安産信仰」が比較的最近まで続いていたのには、こうした背景があった。また、それは千三百年以上も続く、息の長い信仰でもあった。

鵜飼の移り変わり

鵜飼は、日本と中国に古くからあった。鵜飼が始まる前に、その方法などについて、両国のあいだでなんらかのやりとりがあったかどうかは不明だが、それぞれの国で鵜飼が始まった後は、たがいの影響を受けずに現在にいたったと考えられている。

長良川や宇治川で鵜飼が行われているように、鵜を使った漁は基本的に川で行われるが、日本の鵜飼では、野生のウミウを訓練して使う。中国は飼い馴らしたカワウを使うので、この点で日本と中国の鵜飼にはちがいがある。

ウを使った漁の効率は、おせじにもよいとはいえない。「一網打尽」ではないが、魚がたくさんいるなら、網を投げた方がずっとよく捕れるからだ。また、ウの飼育や体調管理など、漁以外の手間も実はかなりかかる。費用も要する。それでも今に至るまで鵜飼が残り続けたのは、そうやって捕った魚を天皇などに「御饌（みけ）」として献上することに、儀礼的なことも含め、深い意味があったためだろう。

長良川で行われている鵜飼の様子。日本の鵜飼で使われるのはウミウの方。撮影:伊藤誠司

長良川の鵜飼も千三百年以上の歴史をもつが、長良川の鵜飼において、船の上からウをコントロールする鵜匠（うしょう）は、現在においても、宮内庁に所属する国家公務員という位置づけである。

また中世は、貴族が川に舟を並べて、ウがアユを捕るのを眺めて楽しんだりもした。少し時代が進むと、観光にやってきた客に鵜飼を見せるなどした歴史もある。つまり、鵜飼は観光資源としても活用されてきたことになる。

その一方で、鵜飼によって魚を捕ることが趣味の一環、個人的な楽しみのひとつであった時代もあった。戦国時代、一部の武士は鵜飼や鷹狩りに興じた。「鵜鷹逍遥」と呼ばれたが、家臣が鵜飼や鷹狩りにのめりこみ、戦に身が入らなくなることを案じた一部の武将が、家臣に鵜鷹逍遥を禁じるふれを出したという記録も残っている。そこには、無益な殺生を禁じる思いもあったという。

摂津神楽の榎並左衛門五郎によってつくられ、世阿弥の手で改作された能「鵜飼」は、こうした状況を背景につくられたものだ。

自身の手でやる鵜飼は、ただの魚釣りよりもずっとダイナミックで、ある種のスポーツのように感じられて、興奮もしたのかもしれない。奇しくも、日本の戦国時代とも時期が重なる16世紀末～17世紀に、フランスやイギリスの貴族がスポーツとして鵜飼を堪能していたという事実もある。

日本や中国の鵜飼の影響を受けて始まったわけではなく、その鵜飼はヨーロッパ独自のものだったという説が有力だが、直接的な指導はなかったとしても、実際には東洋、特に日本の鵜飼からも、なんらかのインスピレーションを得ていたのではないかとも思う。現在のところ、そうした考えは否定されているが、日本と交易をしていたオランダを通して、意外に多くの日本の文化や情報がヨーロッパに届いていたのは確かだからだ。

江戸時代からすでに江戸（東京）はウの天国

江戸でもっともたくさん見られる鳥はウだといったのは、江戸時代から明治時代にかけて江戸・東京に滞在したイギリスの測量技師のマックビーンである。

カワウは高度経済成長期の時代に激減し、１９６０年代には全国で二千羽ほどしかいなくなったが、その後、急激に数が回復。現在の生息数は、首都圏だけで、少なく見積もっても数万羽にのぼる。上野の不忍池などにコロニーがあることも有名だ。

東京都内には現在、一体何羽のカワウがいるのか把握できないほどだが、江戸の町には、現在と同じか、現在よりもさらに多くのカワウが生息していた可能性があるという。

当時もっとも目立っていたのは江戸城で、数千羽のウが繁殖のためのコロニーをつくっていたことがわかっている。時代劇でそれが描かれたことはほとんどないと思うが、夕刻の江戸城の一部エリアでは、ウの鳴き声による騒音は相当なものだったと想像する。また、飛び立ち、集まってくる大型の黒い鳥の姿は、見事という表現を超えて、近くの人々にとっては、恐怖に近い感情をもたらすものであったかもしれない。

そして集団となったウは、短期間でとまっている木を枯らす。糞に含まれる酸が木に悪影響を及ぼすのはもちろん、巣材にするために枝を折り取る行為も頻発するからだ。不忍池の中にあるウの島のコロニーでは、早々に本物の木から人工の構造物（擬木）に置き換えられている。江戸時代には人工的な木をつくったり置いたりできなかったはずなので、江戸城などでは、繁殖が済んでウが減った時期などに、コロニーとして使われていた木々の植え替え作業などが行われることもあったのだろうかと想像している。

ことわざで戒めるウ

ウにまつわることわざには、行動を戒めるようなものが意外に多いことに気づく。

よく耳にする「鵜呑みにする」は文字どおり、ウの行動からできた言葉で、「咀嚼せずにすべて丸ごと受け入れる」という意味で使われ、多くの場合、「そうする前によく考えるべき」という教訓的示唆が行われたりする。このほか、「自分の能力にそぐわないことをすると失敗する」といさめる言葉として、「鵜の真似をする烏」ということわざもある。

もちろん、「鵜の目、鷹の目」という、強く、肯定的な言葉もある。ウは鋭い目で水中の魚を見て捕らえ、鷹は空中から鋭く獲物を見つけて襲いかかる。両者はともに、確実な狩りや漁をするハンターである。

くつろぐカワウ。撮影:神吉晃子

ウミウ

カツオドリ目ウ科　　留鳥（一部では冬鳥）

鳴き声:グワー、グウルルッ、など

体長:84cm

全体的に緑色光沢のある黒色の羽毛に包まれている。顔の白い部分はカワウよりも広く、目の後方まで広がっている。クチバシは黄白色で先端が鉤状。口角の裸白部は黄色。雌雄同色。8〜15メートルもの潜水能力がある。日本の鵜飼の主役。

台湾からサハリン南部のあいだの日本沿岸、日本海周辺の沿岸、東シナ海周辺の沿岸に分布。

カワウ

カツオドリ目ウ科　　留鳥（北海道では夏鳥）

鳴き声:グワー、グウルルッ、など

体長:82cm。

全体的に黒色の羽毛に包まれている。背や肩は光沢のある茶褐色。顔の目のラインから下に白色部がある。ウミウは目の後方にも白色部がひろがっているため、見分けられる。クチバシは淡い茶褐色をおびた白色で先端が鉤状。口角の裸白部は黄色。雌雄同色。ウミウよりいくぶん首が短い。北海道では夏鳥だが、それ以外の地域は留鳥。南極と南米を除いたすべての大陸に暮らす。

白鷺という名のサギはいない

コサギ（小鷺）とアオサギ（青鷺）

サギもまた、日本人には見なれた鳥だった。特に稲作が始まってからは、田や畦を歩いてカエルや小魚を食べる様子が観察されるなど、ますます身近になっていった。弥生時代中期（紀元前4世紀〜紀元元年直前）には、身が細く、クチバシが長い、サギやコウノトリを模した絵が表面に描かれた土器がつくられていたことも、その証となっている。

古来より、サギは白いものと決まっていた。中国の本草書『本草綱目』にも、「鷺は雪のように潔白である。頸は細くて長い」とある。なので、わざわざ「白サギ」などと記す必要はなかった。だから、ただ大きさで分けて、小鷺、中鷺、大鷺と呼ぶようになった。

今も、日本にはシラサギという種はいない。サイズ順に、コサギ、チュウサギ、ダイサギがいるのみだ。そこにクロサギの白い羽毛の個体と、冬羽になったアマサギを加え、すべてをまとめて「シラサギ（シロサギ）」と呼ぶ。ただし、全身が真っ白い白色型のクロサギがいるのは奄美群島以南のため、北海道や本州で見かけることはまずない。

アオサギ。『華鳥譜』より

コサギ。『梅園禽譜』より

それは、どんな種もツルはツルと呼ばれ、ハシボソガラスもハシブトガラスも、どちらもただカラスと呼ばれているのと、ある意味、近い感覚でもある。

江戸はサギの名所だらけ？

江戸の町は、人口の集中する大都市である一方で、自然にあふれた町でもあった。たとえば神田明神のあたりでも、アオダイショウやイタチが出て、民家の庭に入り込むことがあったことを、滝沢馬琴（曲亭馬琴）の日記などから知ることができる。

水にも恵まれ、大きな川や小川、運河、沼や池、湿地などが点在していて、海には砂浜から干潟、岩場まであった。サギのような鳥にとって、そこは事実上のパラダイスで、多種がつねにそこで暮らした。ツルやハクチョウなどを含め、今では見られなくなった多くの渡り鳥が江戸の町やその周辺に飛来していたのも、こうした恵まれた環境があったためだった。

つまり、江戸の人々にとって、シラサギ類やアオサギなどのサギもまた、いつも目にする身近な鳥だったのである。

江戸の当時、人々はシラサギの種にほとんどこだわらず、細かいちがいを気にすることなく眺めた。だが、今に暮らす私たちは、わかるものなら見分けたいと思う。

あまり簡単ではないが、もちろん大きさ以外にも見分けるポイントはある。

まずコサギは夏場、胸と背に細く長い飾り羽をもつ。後頭部にも細く長い2本の飾り羽、冠羽がある。頭に2本の長い冠羽があれば、それはほぼコサギとみてまちがいない。

チュウサギも夏場、胸元と背に飾り羽をもつが、コサギよりも地味。チュウサギのクチバシは夏は黒いが、冬は先端を除いて黄色くなる。ダイサギの目元は夏場は緑色をしているが冬場は黄色くなる。クチバシも黒（夏）→黄色（冬）と変わる。なお、ダイサギも夏場は、胸元と背に飾り羽をもつ。アマサギが「シラサギ」の仲間に入るのは冬だけで、夏場は頭部から首、胸、背のオレンジ色の羽毛が目立つ。――こんな感じになる。

もう一種、アオサギにも簡単にふれておくと、アオサギはダイサギよりもわずかに大きい国内最大のサギで、クチバシと足を除いた全身が黒と青灰色。動物園などにもやってきて、飼育されているペンギンなどの水鳥用のエサをかすめていくこともある。最近になってサギ類には増加の傾向が見られるが、その大きさもあって、アオサギは特に目立つようになっている。川や湖沼だけでなく、浜辺などの浅い海中を歩く姿も見る。

サギは、異種と共同生活をすることにあまり抵抗がないようで、コサギとカワウがすぐそばでたたずんでいる様子なども見る。繁殖期、サギ類は地上ではなく、大きな木の上に巣をつくり、集団で子育てをする。ちょっとした林に百羽を超えるサギが巣をつくることもある。隣の巣まで数メートルしか離れていなくても、サギはあまり気にしない。隣の巣が、別種のサギの巣でも気にしない。

アオサギ。ペリカン目サギ科。留鳥。日本最大のサギ。池や川だけでなく、波打ち際を歩く姿を見ることもある。上面は青みがかった灰色で、風切羽は黒。額から頭頂部は白く、目の上から後頭にかけて黒線がある。肩から背には灰白色の飾り羽があり、胸にも白い飾り羽がある。撮影:神吉晃子

こうしたサギの営巣は古くから知られて

いて、サギが集まって営巣する木を「サギ山」と呼んだりもした。ちなみに、鷺山、鷺沢、鷺坂さんといった苗字の多くは、鷺が集団営巣した場所の近くに住んでいたことに由来したものが多いようである。

サギが集団繁殖すると、長く使われた木は糞によって枯れてしまい、何年も経つと倒れてしまうことも増えてくる。また、騒音もひどくなるため、サギが増えてきた最近では、居つかせないように追い払われるケースもでてきている。

清少納言はサギを酷評

サギの名前は特に大きな変遷をもつことなく、今に至っている。白系のサギは、『古事記』や『万葉集』が相次いで成立した奈良時代から、「さぎ」「しらさぎ」と呼ばれていた。なお、この時代、アオサギという鳥もすでにはっきりと認識されていたようで、こちらは「みとさぎ」の名で呼ばれた。古くから、緑に萌えた木の葉を青葉と呼んでいたように、古来より緑と青は同じ意味で使われることが多かったため、「みどり（青）のさぎ」ということから「みとさぎ」の名がついたとする説が有力だ。

一般的には特に悪い印象をもたれることなく日本人のそばにいたサギだが、清少納言だけはこの鳥のことが好きではなかったようで、『枕草子』の「鳥は」の段で、「サギは見た目が悪いばかりか目つきも悪くて、その姿に惹かれるところなどまったくない」と酷評している。そこまでいわれるほどひどい姿の鳥ではないので、清少納言が好き嫌いの激しい人物だったことを差し引いても、ある種のいいがかりのように感じてしまう。

醍醐天皇があるサギに五位の位を与えた話がでてくるのは、鎌倉時代の『平家物語』でのこと。アマサギがサギの仲間として一般の人々に認識されたのも、ほぼ同じ時代である。

ゴイサギ。『梅園禽譜』より。ゴイサギは留鳥として本州以南に分布。官位を与えられたサギとして、漢字表記は「五位鷺」。夜行性で、昼間は水辺の木の上などで眠る。

シラサギ類の細かい分類が行われるようになるのは安土桃山時代からで、まず「だいさぎ」が分離、江戸時代なると「ちうさぎ」の名でチュウサギも分けられるようになるが、一般的にはシラサギ類は変わらずただの「さぎ」だったようだ。

なお、サギの名称の由来についても江戸時代から議論があり、「声が騒がしい」からサギになったのだろうなど、さまざまな意見が出たが、こちらも結論を得るには至っていない。

あちこちの水辺でよく見かける。撮影:神吉晃子

コサギ

ペリカン目サギ科　　留鳥
鳴き声:グワッ、ガー、など
体長:61cm。チュウサギは69cm。ダイサギは90cm。国内最大のアオサギは93cm

日本中の水辺で見るサギ。全身が白く、夏場の繁殖シーズンには長い2本の冠羽のほか、胸元と背に細くて長い飾り羽が見えるようになる。飾り羽は秋には抜け落ちる。クチバシは黒いが、目元に黄色い部分がある。足も黒いが、足の指は黄色。林や竹林をサギ山として、ほかのサギ類とともに集団繁殖する。

日本以外では、ユーラシア南部、アフリカ、オセアニアに生息する。チュウサギも同じように分布するが、ダイサギはこれに加えて南北アメリカにも生息。

4章

気がつくとそこにいる

鳥の芸といえばヤマガラだった

ヤマガラ（山雀）とシジュウカラ（四十雀）

「山雀」と書いてヤマガラ。同じシジュウカラ科のシジュウカラ、ヒガラ、コガラ、ゴジュウカラ科のゴジュウカラなどと合わせて「カラ類」と呼ばれている。ほぼすべてが、スズメほどの大きさの鳥だ。

ほとんどの鳥が平地から山地の林に暮らす中、シジュウカラだけは町中でもふつうに生活している。大都市のビル街でさえ、その声を聞く。

シジュウカラという名前を知らず、その姿をイメージすることができなかったとしても、「ツツピー、ツツピー」と高いところで鳴くこの鳥の声を聞いたことがある人は、きっと多いにちがいない。そしてその声と姿が一致するようになると、身のまわりには本当にたくさんのシジュウカラの声が響いていて、とても身近な鳥だったことに気づくはずだ。

スズメやツバメ、ムクドリと同じくらい、シジュウカラも人間の生活圏での暮らしになじんでいる。

シジュウカラ。『梅園禽譜』より

無用に人間を恐れたりしないため、庭の木にかけた巣箱の中で子育てをしたりもする。カラ類の中でもっとも人間に近い場所で暮らしている鳥は、やはりシジュウカラ。実は、花壇や街路樹につくガの幼虫などを積極的に食べてくれる益鳥でもある。

ヤマガラはそれとはちがうかたちで、だがある意味もっと深く、人間と関わって生きてきた。

古くから飼われてきた鳥である「やまがら」の名は、平安時代の歌集『拾遺和歌集』にも見つけることができる。籠の中のヤマガラを詠んだ歌としては、鎌倉時代の歌集『夫木和歌抄』の中に納められている寂蓮法師の

「籠の内も　猶羨まし　山がらの　身のほど

ヤマガラ。『梅園禽譜』より

かくす　夕がほの宿」、もしくは光俊朝臣の「山稜鳥」が最初だろうか。

　平安時代以降、ヤマガラの漢字表記は「山雀」が多かったが、ときおり「山柄」や「山稜鳥」などの当て字が見られることもあった。仮名で「やまがらめ」と記されることもあった。「め」は「すずめ」、「つばめ」の「め」と同様に鳥をあらわす接尾語である。

　はじめは、ただかわいがっていただけだった。しかし、飼育していく過程で、ほかの鳥にはない資質をもつ鳥であることに飼い主たちは気づく。とても頭がよく、記憶力もいい。人間の言葉こそ話さないが、教えたことを確実におぼえる個体も多い。そのため、「芸」と呼べる技術も、比較的簡単に身につけることができた。

　いつしか「芸をする鳥＝ヤマガラ」という認識ができてきて、それが日本人の意識の中に広く刷り込まれることとなった。

ヤマガラは考える

今とまっている枝の先に食べたい木の実がある。美味しい実だ。けれど枝は細く、先まで行くことはできない。飛んで行って無理にとまろうとしたら、そこから落ちるだろう。かといって、羽ばたき続けて空中に留まる能力は、自分にはない。どうする……？　自身に問いかけたヤマガラは、「ならば、片足はこのままぎゅっと枝を握ったままでいて、もう片方の足で枝を自分の方にたぐり寄せればいい」と瞬時に判断する。

もちろん、擬人化しているわけではない。ヤマガラが実際に、頭の中でこんなふうに言葉で思考しているわけでもない。だが、実際にヤマガラの脳は、そういう判断を下すことができる。そうやって自然の中、その能力を生かして生き抜いている。

吊り下げられたロープの先にバケツがあり、そのバケツの中に美味しいものがあるのが見えたとき、人間もチンパンジーも、たぐり上げれば中の食べ物を手にすることができることに瞬時に気づき、それを実行する。それと同じ能力がヤマガラにもある。

ヤマガラにとって、吊り下げられたものを足とクチバシを使ってたぐり上げることは、枝の先にある美味しい木の実をたぐり寄せることとほとんど変わらない。野生でふだんやっていることの、簡単な応用にすぎない。食べ物を得るために努力するのも当然のこと。実際に、この行為をやらせてみると、ヤマガラはたいした苦労なく、やってのけることができた。紐の先に取りつけた小さな容器を器用にたぐり上げ、中に入った木の実を取り出して食べた。これを「見せ物」にまで昇華させた技は、「つるべ上げ」と呼ばれた。

またヤマガラは、カラスの仲間のように「貯食」をする。一度に食べられないほどの大量の種子を見つけたときなど、あとから食べるために余ったものを隠す。もちろん、どこに隠したか大体おぼえているし、空腹時にいくつか食べたとしても、残りがどこにあるかも、ちゃんと把握している。こうした行動ができるのも、脳が発達している確かな証拠だ。

そんなヤマガラの脳は、訓練を積むことで、教えた行動の手順をしっかり記憶することができる。熟練者がじっくり教え込むことで、複雑な手順をおぼえ込むことができる。

そうして誕生したのが「ヤマガラの芸」だった。ヤマガラの芸は鎌倉時代に始まり、鳥獣保護法が強化されてヤマガラが飼育できなくなった平成の頭まで続いた。

芸をするヤマガラ

ヤマガラの芸の最古の記録は鎌倉時代。そこから、「つるべ上げ」が行われたことを知ることができる。先にも挙げたように、これはもともとヤマガラが自然の中でやっていたことの延長なので、教え込むことはそう難しくなかったのだろう。

「つるべ上げ」には、中にクルミなどの種子が入った容器を自分のもとにたぐり寄せるものと、井戸の水汲みを模して、空の容器や水の入った容器をたぐり上げさせるものがあった。後者は「水汲み」と呼ばれた。両者をセットで見せることもあったようだ。

鐘つき。ヤマガラに鐘を叩かせる芸。これも比較的簡単に訓練できた。

江戸時代になると、「つるべ上げ」以外の芸も少しずつ行われはじめ、見せ物小屋などで披露されるようになる。

18世紀の初頭に書かれた鳥の飼育書『喚子鳥』には、当時、ヤマガラにどんな芸をさせていて、そのためにどんな訓練が行われたのかわかる記述がある。

この本で紹介されていたヤマガラの芸は「輪く

ぐり」と「つるべ上げ」。「輪くぐり」とは、とまり木から飛び上がったヤマガラが、吊るした丸い輪の中を通り、ふたたび元のとまり木に戻るように訓練したものだ。

『喚子鳥』には挿絵として、さまざまな鳥と鳥籠のイラストが掲載されているが、そこにはもちろんヤマガラ用の籠もある（次ページ参照）。一般にイメージされる鳥籠よりもかなり大きいのは、小さな鳥籠では中でのヤマガラの動きが制限されてしまうためだ。ヤマガラに上手に輪くぐりをさせるためには、籠に十分な広さと高さがなくてはならない。

元禄10年（1697年）に発行された『松の葉』の第一巻には、狭い籠を嫌うヤマガラを擬人化した歌も残されている。

「山雀が　籠の中での　恨み言　かごが小籠で　もんどり打たれぬ」

『ヤマガラの芸』（小山幸子著）によると、ここで挙げた2つの芸のほかに、江戸時代においては、「かるたとり」、「籠抜け」、「はしごのぼり」、「文使い」、「鐘つき」、「将棋の駒の選り分け」、「札取り」などが行われていたという。

このうち「はしごのぼり」は、今も多数が飼育されているブンチョウやインコなどでも比較的簡単に訓練することができる。「鐘つき」もそう。しかし、動物心理学にもとづいた訓練方法を、だれも知らない時代である。「かるたとり」などは、本当に絵柄をおぼえて

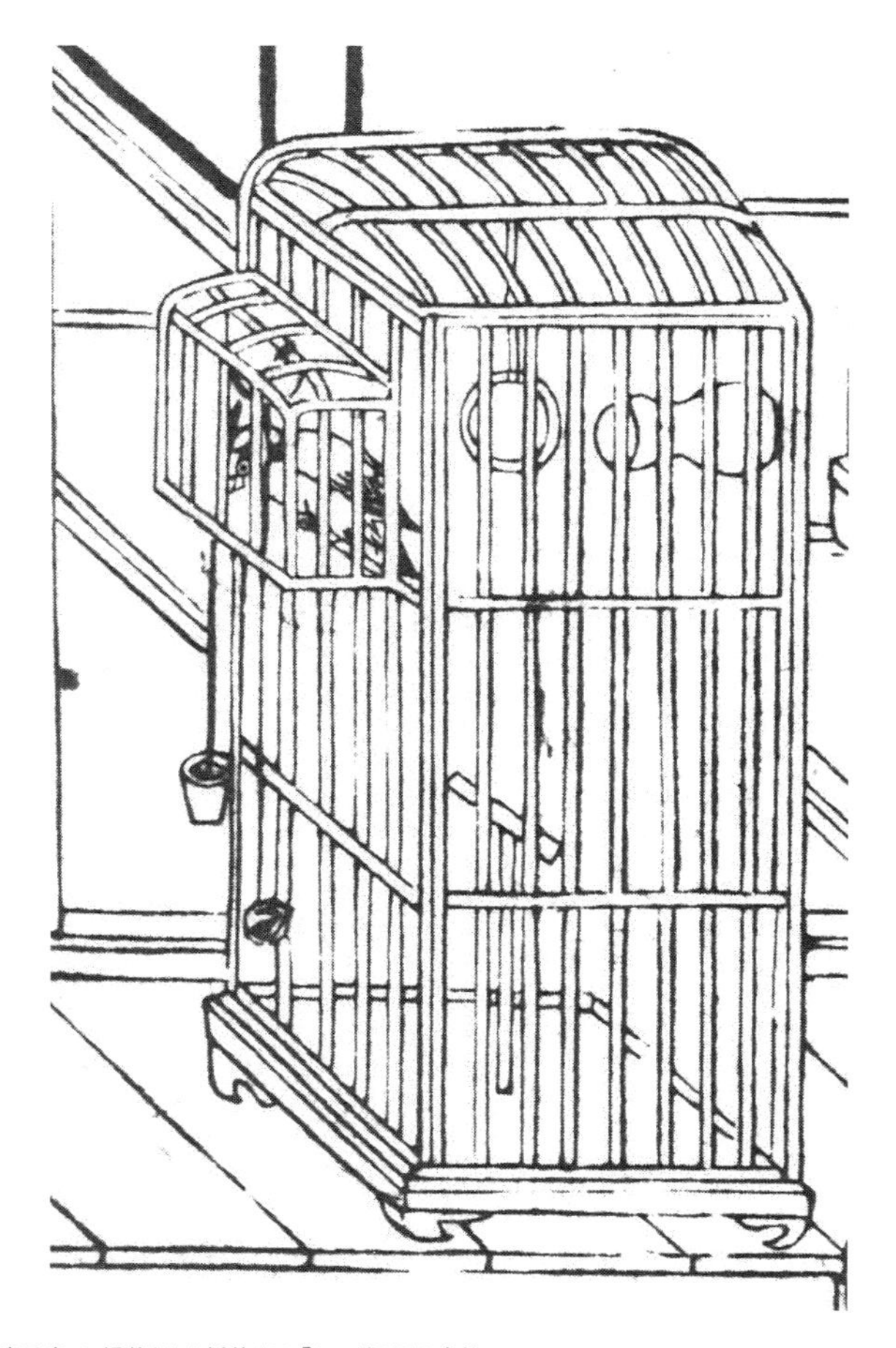

『喚子鳥』に掲載された挿絵より、「ヤマガラ用の鳥籠」。
見せ物用ではなく、個人の飼育用のもの。
ほかの鳥種の籠よりもだいぶ大きく縦に長いのは、「つるべ上げ」や「輪くぐり」などを自由にできるようにするため。
ヤマガラは狭い籠を好まなかった。絵では、水の入った小桶とクルミが一本の紐で結ばれ、どちらかを引き上げるとどちらかが下がるようになっている。

やっていたとしたら、できる鳥を選んだ上で、相当な訓練が必要だっただろう。

今9つほど挙げたが、実は江戸時代は、これでもまだ芸の種類が少ない。明治以降、芸の種類は大幅に拡大し、浅草などでたくさんの見物客を集めることになっていく。

失われた文化

昭和の半ばまでに生まれて、昭和の頃に東京にいた方なら、浅草の花屋敷の前で行われていた、ヤマガラに御神籤（おみくじ）を引かせる芸をおぼえているかもしれない。この芸は30年ほど前まで、浅草に限らず、お祭りなどの際に、各地の神社の境内などで見ることができたため、地方在住の方でも見たことがある方がいるはずだ。

鳥獣保護法の改正によって野鳥の飼育が完全に禁止されると、必然的にヤマガラも飼えなくなった。八百年以上も続いた日本伝統の鳥芸でもあった「ヤマガラの芸」も、その瞬間に地上から消滅した。

本来なら、無形文化財として継承させるべく、なんらかの手を打つべきだったと今でも強く思っている。たかが鳥の芸と簡単に切って捨てられたことが、とても残念だ。

野生のヤマガラも人馴れして、置かれた餌台の種子も食べる。撮影:神吉晃子

ヤマガラ

スズメ目シジュウカラ科　留鳥／漂鳥

鳴き声:ツツピー ツツピー、ヅーヅーピー、など。シジュウカラのさえずりにも似るが、もっとゆっくりしている／地鳴き:ツィ ツィ、など

体長:14cm

頭部は目から上のラインが黒く、喉元も黒。クチバシ上部から頬までは黄褐色。肩羽と翼、尾羽は青灰色。首の後方と体下面は茶褐色。日本で暮らすシジュウカラの仲間の中では、例外的に赤色が濃い。ノミのようなそのクチバシには、硬い木の実を割るだけの力がある。ヤマガラは枝の上にとまりながら両足の指で木の実を固定。そこにハンマーのようにクチバシを振りおろして割る。

平地から山地の林で暮らす。日本以外では、朝鮮半島と台湾に分布。

シジュウカラ

スズメ目シジュウカラ科　留鳥

鳴き声:ツツピー ツツピー、ツピツピツピ、など／地鳴き:ジュクジュク、など

体長:15cm

頭部は黒い羽毛で、頬のみ白い。体下面は白に近い淡褐色で、胸元から尻の方まで続くネクタイ状の黒い羽毛がある。この黒い羽毛はオスが広く、メスが細い。背は、白から黄褐色を経てオリーブ色へと至るグラデーション。クチバシは細く尖っている。このクチバシをピンセットのように使って昆虫を捕らえたり、小さな木の実をつついて割って食べる。

平地から山地の林で暮らすが、都市部にも多数が生息。日本以外では、東アジアに分布。

庭にやってきて子育てもするシジュウカラ。高い庭木の上で「ツツピー」と鳴くのはナワバリの主張。撮影:神吉晃子

トビはあまり猛禽類らしくない？

トビ（鳶）

見た目は確かに猛禽類。カラスよりも大きく、ノスリやサシバ、オオタカと比べてさえ、大きく立派な体格をしている。広げた翼の長さ（翼開長）は大人の背丈に迫る1・6メートル前後もある。

だが、その行動は、いわゆる猛禽とは、どこか少しずれているようにも見える。

狩りはする。地上にいるネズミやカエルやヘビなどを襲うことはある。まれに小鳥も襲う。しかし、その主食は、事故や病気で死んだ動物や、ほかのだれかに殺された動物。浜に打ち上げられた魚や、漁師が捨てた小魚など。それどころか、人間が捨てた生ゴミさえも食べる。つまりトビは、身近なスカベンジャー（腐食動物）なのだ。

トビはあまり人間には近づかない。だが、人間が食べ物をもっている場合は別だ。上空から、ハンバーガーやサンドイッチなど、ほどよい大きさの食べ物をもっている無警戒な人間を見つけると、その人間の死角となる斜め上方から急降下してきて、ほとんど手に触れることなく、食べ物だけを足でかすめ取ると、すかさず急上昇して上空へと戻っていく。鋭い爪で人間に怪我をさせない飛行技術をさすがと称賛したくもなるが、食べているものを奪われた人間からすれば、「よくもやってくれたな」という気持ちの方が強いだろう。はるかな空の高みから、人間がもっているものを詳しく見分け、「食べ物」を認識できる高い解像度の目をトビはもつ。その資質は、明らかに猛禽類のものだ。

関東では、江ノ島を中心とした湘南地方で、こんなトビの強奪事件の話をよく耳にする。あまりにも多いので、海岸には絵付きで「トビ注意」の看板がずっと出されているほどだ。

だが、どうやらそれは最近だけの話ではなかったらしい。寺島良安の『和漢三才図会』のトビの項には、「獲物をつかむのは弓を射るように素早い」と、トビの強奪時の様子を的確に語る文章がある一方で、「つねに鳥の雛、猫の児などを捉え、あるいは人が手に持っている魚物や豆腐などを掴む」とある。

富山藩主、前田利保の作と推測されている『啓蒙禽譜』より。絵には鳥名として「嶋トビ」とあるが、これはトビ。国立国会図書館収蔵

まさに江ノ島とそっくり同じことを、三百年以上も前の江戸時代にも行っていたことがここ

からわかる。なんというかトビは、ずっとこうやって暮らしてきたらしい。

役に立たないといわれて

「お前には、猛禽類としてのプライドはないのか？」と、ほかの猛禽たちは苦々しく思っているにちがいないと想像した人は、昔からとても多かったことだろう。「ワシやタカは、お前の生き方を見て悲しんでいるぞ」とか、「いや、もうこんなやつは仲間じゃないとあきらめている」とか、本人のいない場所でささやかれてきたにちがいない。

先の『和漢三才図会』などは、「すべて、鳶・鴉は害あって益なく、しかも多くいる鳥で、人に憎まれるものである」と酷評する。

江戸時代の書物で鳥に触れるものは、その鳥が多く見られる場所などを紹介するのが常だが、トビにはそうした地名の表記がない。そこから、当時も、江戸を含めた日本の随所で見られた鳥だったと考えることができる。それゆえの「多くいる」なのだろう。

「トンビがタカを産む」といった言葉も、そんなトビの低評価から生まれてきた。平凡な親から優れた子が生まれることの「たとえ」として、江戸やそれ以前の時代に生まれた人には、とてもわかりやすい例だったのだろう。「鳶の子は鷹にならず」という言葉も、同じ背景から生まれている。おいしいところを、まったく予想もしていなかった他人にもっていかれることを「鳶に油揚(あぶらげ)をさらわれたよう」と言うが、これは実話がことわざとして定着したきわめて珍しい例といえる。江ノ島のトビの例ではないが、実際にトビに油揚をかすめ取られた人も、おそらく本当にいたのだろう。

少しだけ擁護すると、トビにだってよいところはある。江戸時代、「比伊与呂与呂(ひいよろよろ)」などと記されたその鳴き声はとてものどかで、よく心に染み込んでくる。その声を聞くだけで、心にあった怒りも緊張も少しだけ緩んでくるのは、トビの数少ない「よいところ」といえる。

「とんび」という名称が生まれ、定着したのは江戸時代だが、上空をくるりと舞いながら「ピーヒョロロロ」と鳴くトビには、「とんび」の呼び名がぴったりな気もしてくる。

ちなみに「とび」の名は奈良時代からある。鎌倉時代の書籍の中に「とみ（鴟）」の名を見つけることもできるが、基本的にトビは「とび」である。江戸時代の図譜にはトビの絵に「鳴とび」という名が付けられることもあったが、その鳥もトビでまちがいはない。

かつての栄光？

そんなトビにだって、文字どおり〝光り輝いていた〟時代が確かにあった。それは、神代。大和朝廷がはじまる直前のこと。

神武天皇が東征した際、同じように天つ神の庇護にあったとされるトミノナガスネヒコの軍と対峙し、苦戦したことがあった。戦況が小康状態に陥っていたとき、強い黄金の輝きをまとったトビが天空から舞い降り、神武天皇がもっていた弓の先端部にとまった。そのトビもまた、八咫烏に続いて高天原が遣わした天上の加護だった。その輝きのまぶしさに戦意を喪失したナガスネヒコの軍は、天皇のもとに膝を折り、恭順を誓ったというもの。

神々しい存在としてトビが描かれる、唯一、といってもいい物語である。

なお、これと似た話はトルコやハンガリー、モンゴルなどの神話の中にもあることから、相撲や鷹狩りの文化などとともに、北方アジアの遊牧民であったスキタイ人によって日本に伝えられ、のちに日本神話の中に組み込まれた可能性があることが指摘されている。

カラスのライバルとしてのトビ

トビはカラスのライバルである。といっても、カラスから一方的に敵視されているというのが本当のところなのだが。

動物の屍肉を食べ、ときに残飯もあさるトビは、完全にカラスと行動が重なる。カラスはトビを見つけると集団で追いかけ回し、追い払おうとする。トビは決して好戦的な生き物ではないので、大概は逃げるが、ときに追う群れから1羽を引き離すことに成功した場合など、しっかり反撃することもある。

一方で、海辺ではユリカモメと行動が重なっている。こちらでも争いが起こることはあるが、陸地のカラスと比べて、ユリカモメとトビは概ね平和に共存できているようだ。

飛翔するトビ。初列風切羽のつけ根の白斑がトビの特徴。このトビは、足になにかもっている。トビは飛翔しながら足でつかんだものを食べることもある。いちいち地上に降りる必要はない。撮影:永井陽二郎

トビ

タカ目タカ科　　留鳥

鳴き声:飛翔しながら、ピーヒョロロロロ、と鳴く

体長:オス、59cm。メス、69cm。メスの方が大きな体をしているのは猛禽類の特徴

もっとも身近な猛禽類。全身が茶褐色で、それぞれの羽毛の先端などに淡褐色の斑がある。飛翔時、尾羽はバチ状で、翼の先端部、初列(しょれつ)風切羽前方の基部に白斑(はくはん)が見える。

留鳥として日本全国で暮らす。世界では、ユーラシアとアフリカ、オーストラリア大陸に広く分布する。

ブッ・ポウ・ソウと鳴くミミズクの仲間

コノハズク（木葉木菟）

フクロウ類は夜行性である。昼間も動けないことはないが、基本的に体を休める時間にあてていて、狩りや食事は夜間に行う。高い暗視能力と高性能な耳が、それを可能にしている。最近は、見た目のかわいらしさに人気も高まっているが、彼らはれっきとした猛禽類。肉食のハンターである。

フクロウの仲間は、頭部に「耳」のような羽毛の飛び出し（羽角〔うかく〕）があるかないかで、ミミズク類（＝羽角あり）とフクロウ類（＝羽角なし）に分けられているが、シマフクロウには羽角があり、アオバズクには羽角がないなど、例外もある。

2つの類に分かれているのは、長らく別々のグループと認知されてきたためだ。

羽角のあるミミズク類は、奈良時代から「つく」という名前で知られ、「菟」や「木菟（木兔）」と記されてきた。「みみつく」と呼ばれるようになったのは平安時代のこと。室町時代から江戸時代になって、「づく」と濁った音で呼ばれることも増え、今に至っている。

一方、フクロウと呼ばれた羽角のないグループは、奈良時代から「ふくろふ（ふくろう）」の名で知られ、ずっとその名前で呼ばれてきた。これが両者が辿った道だ。ちなみに日本で見られるフクロウ類は、ミミズクの仲間が多い。

そんなフクロウ科の鳥たちには、「飛ぶときに音を立てない」という特徴がある。飛翔する力を生む翼の「風切羽」の先端にギザギザがあって、羽ばたきの音をきれいに消してしまうからだ。そのため、深夜に眠っているところを襲われた鳥や動物は、鋭い爪が自身の身に突き刺さる直前まで、フクロウが近づいたことに気がつかない。痛みを感じた瞬間には絶命している、ということさえある。つまり、小動物にとってフクロウの仲間は、きわめて危険な相手なのだ。猛禽類のメンバーに加えられているのもだてではない。

コノハズク。『梅園禽譜』より。枯れた「木の葉」のような色、模様のミミズクという意味で、この名がつけられたと考えられている。

なお、静音、無音で飛ぶフクロウ類の風切羽の構造を参考に、時速300キロメートルで走行しても騒音がでない新幹線のパンタグラフが開発され、実用化されたのは、現代の逸話である。

菟引き

しかし、夜は無敵のフクロウ類も、昼は手のひらを返したような弱者になってしまう。たとえば、ミミズクを籠に入れたり、紐でつないだ状態で林に置くと、シジュウカラのような小さな鳥たちが多数やってきて、集団でそこから追い払おうとする。ミミズクが昼間は反撃してこないことをちゃんと知っているので、大声を出しながら執拗に攻撃を繰り返す。その姿には、「夜の仇を今こそ取る!」という気迫がこもっているようにも見える。このような鳥の追い払い行動は「モビング(擬攻撃)」と呼ばれる。

かつて、こうした昼間のミミズクと小鳥の関係を利用した鳥の捕獲方法があり、「菟引き」と呼ばれた。

昼間に、ミミズク類を連れて森に入ると、鳥たちが群がってモビングをかけてくる。ミミズクのまわりや鳥たちの通るルートに網や罠の籠を仕掛ければ、いっぺんに多くを捕らえることができた。

江戸時代にはよく行われたやり方だったようで、一時、自宅で100羽を超える鳥を飼っていたことでも知られる戯作者・滝沢馬琴の家記の中にも「菟引き」を行った旨の記述が残されている。その部分には、次のような文章が見える。

「この比又、鳥屋庄兵衛に薦められ、餌刺長次郎と云者を雇ふて、興継を倶して、木免引きの為に近郊江五田・生袋などへ出かけるも二、三度なりき。」

餌刺(えさし)は幕府の鑑札(かんさつ)をもった「鳥刺し(とりさし)」のことで、鳥捕獲の専門業者である。興継(おきつぐ)は家を継いだ馬琴の長男。行き先は「江五田・生袋」とあるが、そこは現在の西武線沿線の江古田から沼袋のあたりに相当する。馬琴が生きた時代、このあたりには多くの鳥が暮らす豊かな林があったらしい。また、馬琴の家記の続きには、この「菟引き」でかなりの数の鳥が捕獲できたとある。馬琴の目的は、無事に達成されたようだ。

「菟引き」については『和漢三才図会』に詳細な解説があるほか、『本朝食鑑』や『飼籠鳥(かいこどり)』などの本草書、鳥の解説書でもこの方法について触れている。明治時代の新聞にも「菟引き」を行ったという記事が残っていることから、こうした鳥の捕獲は、明治以降も行われた息の長い方法だったことがわかる。

日本最小のフクロウ類。小さくても猛禽の雰囲気を纏う。「声のブッポウソウ」と呼ばれる。撮影:谷修二

コノハズク

フクロウ目フクロウ科　　夏鳥

鳴き声:ブッ キョッ コー、ブッ コオッ コー、など（オスのみ夜間に鳴く）

体長:19〜22cm。オオコノハズクの体長は、24〜26cm

日本最小のフクロウ。淡褐色をベースに、白色、淡橙色、黒褐色などが複雑に混じった羽毛をもつ。こうした色の「褐色型」の個体のほか、全体に赤味が強い「赤色型」の個体もいる。目の虹彩は黄色。近種のオオコノハズクは赤い虹彩をしているため、ここから種の見分けができる。コノハズクは警戒すると身を細める。そうすることで、木への擬態を強化していると考えられている。

冬はマレー半島やインドネシアなどの東南アジアで暮らし、春に日本に渡ってきて森林で繁殖する。世界では、東アジアから南アジアに分布する。

佛法僧の正体

春から初夏に南から渡ってくる鳥の一種にブッポウソウがいる。奥深い森で繁殖する、金属光沢のある深い青緑色の羽毛をもったきれいな鳥だ。赤橙色のクチバシと足が羽毛の色と見事にマッチしていて、独特の美を示す。

1310年頃につくられた私撰和歌集の『夫木和歌抄（ふぼくわかしょう）』にもその名が登場することから、

少なくとも鎌倉時代には「ブッポウソウ（佛法僧）」という名が知られていたことになる。だが、この時代は声だけが先行し、姿が確認されないまま、「ブッ・ポウ・ソウ」と鳴く鳥のことをブッポウソウと呼んだ。

ブッポウソウ。『梅園禽譜』より

江戸時代になると、ブッポウソウという鳥が認知され、現在も知られる色やかたちの絵で図譜などに残されるようになる。その時点で、なにかおかしいと感じた人もいたようだが、依然、一般の人々からは、「ブッ・ポウ・ソウ」と鳴く鳥がブッポウソウだと信じられていた。

それがくつがえったのはごく最近、昭和の時代になってからである。ラジオから聞こえてきた「ブッポウソウ」といわれる声を聞いたコノハズクの飼育者が、声に反応して同じ声で鳴いたコノハズクをきっかけに、それはちがうと連絡したことで真相が判明した。

コノハズクもブッポウソウも、同じくらいの時期に日本に渡ってきて、ともに人里離れた森の奥で繁殖する。さら

暗い青緑色の羽毛だが、飛翔すると紫がかった群青色の羽毛も見える。撮影:山田ゆかり

ブッポウソウ

ブッポウソウ目ブッポウソウ科。
夏鳥
鳴き声:ゲッ ゲゲゲッ、ゲ ゲ、など
体長:30cm

本州以南に飛来する。コノハズクよりもだいぶ大きい。ブッポウソウが、「ブッ・ポウ・ソウ」とは鳴かず、その鳴き声がコノハズクのものとわかって以降は、「姿のブッポウソウ」と呼ばれる。

にコノハズクが、よく知られた声で「ブッ・ポウ・ソウ」と鳴くのは、日が落ちたあとの暗い時間だったことも真相の解明を遠ざけた。もっとも、人里に近い森で鳴いてくれたとしても、鳴いている姿を直に見て、鳥の正体を知るのはとても難しかったことだろう。
だが、六百年以上の時間を経た昭和のある日、晴れて事実は正されたのである。

フクロウの耳

フクロウの仲間の中でも、フクロウやメンフクロウの顔は特に平たい。それは顔自体が音を集める集音装置になっているためだ。パラボラアンテナが電波を集めるように、彼らは顔で音を受け止めることで、拡大された音を両耳に届けることができる。すべては暗闇の中で、音源の位置やその移動を正確に知るためのフクロウ類独自の進化だった。

人間をはじめとする動物の耳は顔の左右の分かれた位置にあって、それぞれの耳で音を捉えることができる。離れた場所から発せられた音は、数万分の1秒というごく短い時間差で左右の耳に届く。脳はそのズレを分析して、左右のどの方向、どのあたりから聞こえてきた音なのか知ることができる。

ただ、それは水平方向に限ったことで、上下の角度がある高い位置からきた音は、水平方向の音よりも把握できる精度が落ちる。だがフクロウ類は、暗闇の中を飛びながら、相手の居場所や移動する方向、移動する速さを三次元の情報として正確に知る必要があった。

そこで彼らが選んだのが、耳の高さを左右で変える、という進化だった。そうすることで、同じ高さに両耳がある時よりもずっと高い精度で、垂直方向の音も把握できるようになった。この能力を得たことで、フクロウやメンフクロウは完全な暗闇の中でも、目で見るように脳の中に地図を描き、音源めがけて正確に飛んでいくことができる。

右耳
左耳
ずれ

左右の耳の高さがちがうことで、フクロウ類は垂直方向についても、音源の位置を水平方向と同じレベルまで正確に把握することができる。

キツツキは脳震盪を起こさない

コゲラ（小啄木鳥）とアカゲラ（赤啄木鳥）

木をつつくから、キツツキ。英語の「ペック（peck）」は「クチバシでつつく、ついばむ」という意味で、キツツキを示す英名「ウッドペッカー（woodpecker）」も、「木をクチバシでつつく者」という意味になる。

日本語も英語も、キツツキ類の習性、行動が、そのまま名前になったことがわかる。自身のクチバシで木に穴を開けて巣穴を掘ってしまうなど、ほかの鳥には見られない独特な姿が、日本人にも欧米人にも、強いインパクトを残したということなのだろう。

ただし、日本名の「キツツキ」の歴史は、実は意外に浅い。

キツツキ類の鳥は平安時代には認知されていて、「てらつつき」と呼ばれた。室町時代になってもその名が残ったが、同時に「けらつつき」とも呼ばれるようになった。「きつつき」という名称が登場し、キツツキ類全般を指す名として定着するのは近世、江戸時代になってからのこと。

コゲラ。『蘭山禽譜』より

アカゲラ。『梅園禽譜』より

「てらつつき」という名の由来は不明だが、「けらつつき」の「けら」は「虫」を意味していて、クチバシで木に穴を開け、虫を捕ることからついたとする説が有力だ。歴史の中、「けらつつき」の「けら」が濁った「ゲラ」は、キツツキ類にとって意味のある名として残り、アリスイを除いたほぼすべてのキツツキ科の鳥が、その名を継ぐこととなった。

日本にいるキツツキ類としては、アカゲラ、オオアカゲラ、コゲラ、クマゲラ、アオゲラ、ノグチゲラなどの名を挙げることができるが、すべてが「ゲラ」で終わっている。なお、ここで挙げた鳥のうち、アオゲラとノグチゲラは日本にしかいない、日本の固有種だ。

キツツキの漢字表記である「啄木鳥」は漢語が由来で、現在もすべてのキツツキ類の表記に使われている。ちなみに「啄木」も、もともと中国語で「木をつつく」の意味なので、日本語や英語と同じような経緯でつけられた名前であったことがわかる。

現在も使われる「あかげら」、「こげら」ほかの個々の種名は江戸時代中期に定着したが、クマゲラは当時、「くろげら」と呼ばれていた。また、「あおげら」の「あお」は「青葉」の「青」なので、実際は緑の色を指す。そのためその漢字表記は、「青啄木鳥」ではなく、「緑啄木鳥」となっている。

ここで挙げてきたすべての鳥は一般にキツツキと呼ばれるが、日本には「キツツキ」という種名の鳥はいない。その名称は、「キツツキ科」という上位分類にのみ残されている。

啄木鳥戦法と呼ばれた戦い方

ツルが翼を広げたように、自軍の部隊を左右に長く広げた布陣を「鶴翼(かくよく)の陣」と呼ぶなど、戦いの布陣や戦術には、ときおり鳥の名がつけられてきた。戦国時代、武田信玄が「啄木鳥(きつつき)戦法」と呼ばれる戦い方を得意としたという逸話も、その一端だ。

「啄木鳥戦法」とは、キツツキが木をクチバシで叩くことで、中にいる虫を木の外に導き、その木の反対側から顔を出したところを食べる行動を模し、敵軍を特定方向に誘導して叩くというもの。川中島の戦いにおいて、軍師・山本勘助がこの戦法を進言したことで始まったとされるが、その戦法に関しては事実関係も含めて異論も多く出されている。

実は、キツツキ類の行動や木の中に住む昆虫の習性から見ても、不自然さが目立つ。

キツツキ類は、中に虫がいるかどうかを知るために木をつつくことはあるが、それはあくまで居場所を知るためので、追い立てているわけではない。そもそも木の中に潜む虫は、木の内部の方が安全であることを知っているので、そんなことで外に出てきたりはしない。

実際には、キツツキは、虫が潜む空間までクチバシを使って穴を掘り進めると、クチバシの長さの2倍以上も伸びる長い舌を穴の奥に差し入れて虫を引っかけ、引きずり出して食べる。「啄木鳥戦法」のもとになったとされるようなやり方を、キツツキはしないのだ。

だが、キツツキの名を冠した戦法が今に伝わっていることには、別の点で大きな意味もある。戦国時代に生きた武将たちも、キツツキを身近な鳥と認知していて、その性質をある程度理解していたことが、ここから見えてくるからだ。

まだ日本があまり開発されていなかった時代、町と接する場所にも森や林があり、そんな場所にもキツツキは生息していた。過去の日本に生きた人々にとってキツツキは、今よりももっと身近な鳥だったことはまちがいない。

コゲラは都会へ

当然のことだが、キツツキは木のないところには住むことができない。木はキツツキの生活にとって不可欠のものだ。だが、必要とする木の大きさは、種によって大きく異なる。たとえば体長が45センチメートルもある国内最大種のクマゲラには、その体に合った巨木が必要で、必然的に深い森で暮らし続けることになる。人間が暮らす都市に、彼らの居場所はない。

しかし、クマゲラの3分の1、わずか15センチメートルほどの体長の、国内最小種のコゲラなら別だ。彼らが利用できる木は、町中でも容易に見つけることができる。コゲラなら、ほかのキツツキ類が住めない場所でも暮らしていくことができる。

そんなコゲラが全国の都市部で見られるようになったのは、1980年代後半のこと。なぜコゲラが、東京などの大都市を含めた、人間が多く、騒音に満ちた都会に進出してきたのか、はっきりした理由はわかっていない。

生活圏を広げることで、将来も繁栄し続けることを求めた可能性はあるが、それは結果であって原因ではない。

ハヤブサやチョウゲンボウのように、住み処を追われて移住してきたわけではないのは確かだ。都会には彼らの天敵があまりいないことに加えて、競合するほかのキツツキ類がいない環境が移住を促したのではないかと指摘する声もあるが、確実な答えはまだ見つかっていない。

ただひとつはっきりしているのは、都会が彼らにとっては決して住みにくい場所ではなかったために定着が進んだ、ということである。都内では、明治神宮や練馬区の石神井公園、世田谷区の馬事公苑などで繁殖する姿が確認されている。おそらくは百年先も、彼らはこのまま、この巨大な都市で暮らし続けていることだろう。

キツツキが秘めたたくさんの秘密

キツツキはそのクチバシを「ノミ」のように使って、生木や枯れ木に穴を穿って巣をつくる。

また、ふだんから、中にいる虫を探したり、ナワバリを主張する目的で木を叩いている。それは「ドラミング」と呼ばれるが、繁殖期に行われるドラミングは、種によっては1秒間に15~20回にもなる。人間の耳にはタラララララという連続音にしか聞こえないほどの速度だ。

日常的に激しく頭を振り、さらには強い衝撃がクチバシから頭部に伝わっているにもかかわらず、キツツキはムチ打ち症にはならないし、脳震盪も起こさない。もしも人間が同じことをしたら、わずか数分で病院に行く事態になってしまうはずだが、そんな行為を、キツツキたちは生涯に渡って続けていく。

キツツキが脳震盪を起こさない理由は、脳と頭蓋骨の構造にある。

もともと鳥類は、ほ乳類に匹敵するほど脳が大きく発達している。頭蓋骨の中身は、眼球を除くとほとんどが脳だ。キツツキの場合、巨大な脳が頭蓋骨と隙間なく接しているため、激しく頭を振っても、頭蓋骨内でほとんど脳が揺れ動かない。これが第一の理由だ。

また、キツツキは伸縮自在の長い舌をもっていて、筋肉でできているその舌は、鼻の奥から始まって後方に向かい、頭蓋骨を一周するように回って喉の奥につながっている。

木の中にいる虫を捕らえる際は、その長い舌をクチバシの数倍もの長さに伸ばして、引っかけ、口の中に運んでいる。つまり、脳をきっちり巻いた、ゴムにも似た柔軟な舌の根本の筋肉が、いわゆるショックアブソーバーとしても機能していると考えられている。頭部を支える首の筋肉が、ほかの鳥に比べてはるかに強靭で、衝撃を吸収したり、外に逃がす働きをしていることはいうまでもない。

こうした三重のガードが、キツツキを脳震盪や脳の機能障害から守っているらしい。

また、キツツキは、ほかの野の鳥とはちがい、足の指の構成が前後2本・2本となっている。これも、キツツキが現在の生活をするために手に入れた進化だ。

この足指によってキツツキは、より安定して木の幹にとまり、自在に幹を移動できるようになった。

加えてキツツキは、硬い中心の芯（羽軸）をもった強靱な尾羽を手に入れた。キツツキは、縦に樹にとまったとき、グリップ力が高まった2本の足と、尾羽を使って3点で体を支えている。それによって、激しくクチバシで木を叩いているときも、尾羽がストッパーとして機能するために体幹がゆるがない。こうして体が安定することで、キツツキは、常に狙った場所にクチバシを突き入れることができるようになった。

こうした特殊な構造の体を手に入れて、キツツキの祖先はキツツキへと進化した。彼らが見せるクチバシで木を叩くという行動にも、裏付けとなる特別な肉体と科学が存在していたのである。

アカゲラ。日本を代表するキツツキ。
撮影：谷修二

アカゲラ

キツツキ目キツツキ科　　留鳥／漂鳥
鳴き声：キョッキョッ、ケッケケッケケケ、ケッ、など
体長：24cm

日本を代表するキツツキ。頭部は黒い。後頭部から首を通って喉元に向かう黒い羽毛のラインがあり、クチバシから頬にかけて見られるヒゲ状の黒いラインと耳の下でつながる。耳羽と喉は白い。体上面は黒く、肩と風切羽に白斑がある。オスのみ後頭部に赤い羽毛があり、目立つ。体下面は白いが、足のつけ根から尾羽の手前までが赤い羽毛におおわれている。こちらはメスもおなじ。

日本ほか、広くユーラシアに分布する。

コゲラ

キツツキ目キツツキ科　　留鳥
鳴き声：キッキッキッキッ、ギーッ キッキッ、ギイーッ、など
体長：15cm。ほぼスズメサイズ

日本最小のキツツキ。頭部が灰茶褐色。体上面が茶褐色で、翼は黒褐色。風切羽にある白い横斑は白い四角形が並んでいるようにも見える。体下面は白～淡褐色で、胸から下に褐色の縦斑がある。雌雄同色。冬場はシジュウカラなどのカラ類の群れに混じっていることもある。

留鳥として日本全国に分布。日本以外では、朝鮮半島と中国北部からロシアの東岸南部、サハリンに分布する。

コゲラ。日本最小のキツツキ。大都市の公園などでも見られる。撮影：永井陽二郎

ほかの鳥の歌をまねるのも大事な繁栄戦略

モズ（鵙／百舌鳥）

知っている鳥の声がしたので探してみたが、どこにも姿がない。しばらくして、さっきと同じあたりから別の鳥の声がした。よく見たら、そこにモズがいた――。そんな経験をもつ人もいるかもしれない。

モズの漢字表記は一般には「鵙」。「百舌鳥」や「百舌」とも書く。「伯労」や「伯労鳥」を使うこともある。だが、「百舌鳥」の字を見ることが、意外に多いようにも思う。

「百舌鳥」の字は、「『たくさんの鳥（百鳥）』の声をまねてさえずることができる」＝「百鳥の舌をもつ」というところからきているとされる。実際にモズのオスは、ヒバリやシジュウカラ、カワラヒワ、ホオジロ、メジロなどの声を、上手にまねする。

もちろん、モズがそうするのには理由がある。

さえずる鳥、鳴禽（めいきん）にとって、さえずりのもっとも重要な目的はメスに対する求愛。だが、モズは自身では弱いさえずりしかもたない。そのためほかの鳥のよいところを徹底的にま

モズ。『梅園禽譜』より

ねしようとする。優れたオスを選びたいモズのメスの選考基準は、どれだけ多くの他種のさえずりを正確におぼえて自分に聞かせてくれるか、ということにあるからだ。そのためオスは、他種多数の声に耳を傾け、そのさえずりを自分のものにするべく努力をする。

つまり、「百舌鳥」の名は、なんとかして自分の子孫を未来に残したいという、オスの努力と研鑽（けんさん）の積み重ねによって生まれた名前だったということ。モズのオスは、ただ楽しくて、さまざまな鳥のまねをしていたわけではなかったのだ。

万葉の歌人もモズを詠んだ

「もず」の名は奈良時代から知られていて、次のような歌が『万葉集』に残されている。

「秋の野の　尾花が末（うれ）に　鳴く百舌鳥の　声聞きけむか　片聞け我妹（わがせ）」

「春去れば　伯労鳥（もず）の草ぐき　見えずとも　われは見やらむ　君があたりをば」

「尾花が末」は、「ススキの先端あたり」の意味。そこにとまって鳴いているモズの声をよく聞きなさいと、作者は語る。次の歌の「草ぐき」は、木の茂みに紛れ込んで姿が見えなくなることをいう。「モズが茂みに紛れて見えなくなるように、どこかに姿を隠してしまったあなただけど、ずっと見ていますからね」という作者の主張の歌となる。モズに触れた『万葉集』の歌は、ともに作者不詳のこの2首だけ。

この2首は、モズという鳥の、夏や秋の様子や行動を知っている人が決して少なくないことを前提に詠まれているように見える。千三百年前に生きた人々は、今の私たちとおなじかそれ以上にモズのことを知り、その姿を目にしていたということだろうか。

モズは準猛禽？

モズは群れない。繁殖期を終えたモズは、オスもメスも、それぞれがナワバリをもって単独生活をする。高い位置で「キィーキィー、キチキチキチ」と声高く鳴く姿を見ていると、だれかといるより一羽でいた方が落ち着く、と心から思っているように見える。

大きな頭部をもつモズは一見かわいらしくも見えるが、もともと肉食の鳥だ。バッタやコオロギ、カマキリといった昆虫類や、ドジョウ、カエル、トカゲなどのほか、ほ乳類のネズミを捕まえることもある。さらにはメジロやツグミなどの鳥さえも襲う。ツグミはモズの2倍の体重があるが、それでも襲って倒す。小さな猛禽と呼ばれるのもよくわかる。ただし、モズは飛ぶことがそれほど得意ではないため、速く飛ぶ鳥や、素早く方向転換できる鳥を捕獲するのはかなり難しい。そのためモズは、群れ中の弱った一羽をよく狙う。

そしてモズには、よく知られているように、捕らえた生き物を木の枝などに刺しておく、「早贄（はやにえ）」の習性がある。ゆえにイギリスでは、モズを「屠殺（とさつ）者の鳥」と呼ぶ。

モズがどんな生き物を食べているのか、早贄にされた生き物が教えてくれる。早贄には貯食の意味合いもあると考えられているが、放置されたまま干からびてしまうことも多いため、モズにとっては予備の食料という意識は薄いように見える。

それよりも、ナワバリの主張の一環として置かれていると考える説の方がまだ信憑（しんぴょう）性がある。同じモズなら、ある場所を飛んだとき、ほかのモズの早贄にもすぐに気づく。ここがだれかのナワバリであることを瞬時に悟る。モズは好戦的な鳥ではあるが、常にだれかと戦っているのはエネルギー消費的にも無駄が多い。早贄を置くことで必要のない争いが回避できるのならやって損はないと考え、実行しているような側面もあるのかもしれない。

そんな小さな猛禽であるモズは、訓練しだいでタカのように獲物を狩ることもできた。徳（とく）

川家康(がわいえやす)が幼少期に、タカのかわりに訓練したモズを使って鷹狩りの模倣をしたという逸話はよく知られている。こうしたモズの狩りの記録は、鎌倉時代から江戸時代にかけてほかにも複数残されている。ただし、江戸時代の鳥の飼育書『喚子鳥』は、声は良いが飼い鳥には向かないとも書いているので、飼い馴らすのはかなり難しかったと推測する。

猛禽のような強い顔をもつ一方で、カッコウに托卵されてしまうような三枚目の顔も、モズはもつ。そんなところも、彼らの憎めないところと感じている。

電線にとまる。モズには高い場所で鳴いているイメージがある。撮影:神吉晃子

モズ

スズメ目モズ科　　留鳥

鳴き声：キーキーキー、キュイキュイキュィ、など。秋には高い場所で、ギジギジギジ ギュンギュン などと鳴く。これはナワバリの主張で、「モズの高鳴き」と呼ばれる

体長：20cm

オスは額から後頭部までが茶褐色。白い眉斑があり、目のライン（過眼線）は黒。この黒はメスに対する重要なアピールポイントになる。頬、喉は白い。背から腰は灰色で、翼と尾は黒褐色。胸から下の体下面はレンガ色。尻から尾のつけ根は白い。メスは過眼線が褐色で、腹部の羽毛にウロコ模様がある。クチバシは先端が鋭い鉤状。肉食で、昆虫類を中心に、小魚から鳥まで捕まえて食べる。

平地から山ぎわの林、農耕地に生息するほか、市街地の公園や民家の庭にもくる。日本以外ではロシア極東南部、サハリン南部以南から中国南部までのアジアの東岸部に住み、夏冬に渡りをする。

ツグミは悲しい歴史を背負う

ツグミ(鶫)とヒバリ(雲雀)

冬の使者のツグミ、春を告げるヒバリ。ともに長く愛されてきた鳥たちだ。

ツグミは10月ごろに群れで日本に渡ってくる。越冬地に着くまでは群れがくずれないが、食料が十分にある土地なら、群れのメンバーは到着後すぐに散って、春に北帰するまで、ほとんどが単独ですごす。

ツグミは奈良時代からずっと「つぐみ」の名で知られてきた。だが、当時は、ツグミ単独ではなく、ハチジョウツグミなどをあわせた呼び名だったようだ。

つぐみの名前の由来については、一説によれば、夏至のころになるとぱったり声が聞かれなくなるため、「声を噤む」の意から、「つぐみ」の名がついたとされる。

ツグミは3月半ばごろから北の繁殖地に向かって帰りはじめる。遅いグループは5月直前まで日本に残っているが、さすがに夏至には完全に日本からいなくなる。

鳥は、その声が聞こえているだれかに向かって鳴くことが多い。冬場、ツグミは基本的に一羽でいるために仲間に語りかけることがあまりなく、そのため、その声を聞くことはけっして多くはない。たとえ鳴いても一羽や数羽の声ではほとんど気にとまることがない。

3月になり、渡りの準備時期になるとツグミはふたたび大きな群れになる。そして繁殖地に着いたらすぐに求愛できるようにと、出発前のツグミたちは日本でさえずりの練習を開始する。それは「ぐぜり」と呼ばれるものだが、鳥の数が多いと、それなりによく響く。

ツグミ。『梅園禽譜』より

北に帰る直前が、日本にいるすべての期間の中で、ツグミがもっともにぎやかな時期となる。だがその声も、1カ月ほどでぱったりと止まる。日本からいなくなるからだ。

そのにぎやかさと静けさの大きなギャップを強く印象づけられた昔の日本人が、この鳥に「つぐみ」という名を与えたのかもしれない。なお、江戸時代に刊行された『武江産物志（ぶこうさんぶつし）』では、江戸でのツグミの名所として千住の名が挙げられている。

天高く舞ってさえずるヒバリ

ヒバリは空に向かってまっすぐ飛び上がり、ホバリングするように上空に留まりながら、独特の美しい声でさえずる。留鳥だが声が特に響くのは春で、古くからヒバリが鳴くことで春が来たと実感されてきた。だが、春が来た喜びはあっても、同時にヒバリの声や姿に一抹の寂しさを感じた者もいたようで、『万葉集』にはこんな歌もある。作者は大伴家持。

「うらうらに　照れる春日に　ひばり上がり　情悲しも　ひとりし思へば」

うららかな春の日差しの中、ヒバリが上空に上がる。そのさえずりを聞きながら物思いをしていると、なんとなくもの悲しさも感じる。そんなふうに歌われている。家持には、

「雲雀あがる　春べとさやになりぬれば　都も見えず　霞たなびく」

という歌もある。「季節が変わり、ヒバリが舞う春となった」、「たなびく春霞で都もよく見えない」と歌うこちらの作品からは、春の景色をより強く想像させる力を感じる。

ヒバリの声は、そこに行かなくても、春の野の景色を脳裏に届けてくれるものだった。

今でこそ大都市圏ではヒバリの姿や声は少し遠くなってしまったが、ほんの半世紀ほど前までは、ヒバリは春の代表的な風景の一部だった。江戸時代につくられた『江戸名所図

会』では、ヒバリが多く見られる場所として、駒場（駒場野）の名が挙げられている。

江戸時代から戦後昭和にかけて、その声に魅了された人たちは、いつでもその声を聞きたいと思い、ヒバリを籠に入れて飼っていた。なかには、どうしても自分が飼っているヒバリを空で鳴かせたいと願う者もいて、そうした人々は、かいがいしく世話をすることで深く自身に懐かせ、籠から出してもまた籠に戻るように訓練した。

開け放たれた籠から飛び出て急上昇し、空の高みに上がってさえずりを響かせたのち、ふたたび急降下して籠に戻るように訓練されたヒバリの芸が公開されたこともある。そうした芸は「放し雲雀」などと呼ばれた。江戸時代の飼育書『飼鳥必要』には、その訓練方法も記されているが、解説によれば、できるようになるには7年もかかるという。

ヒバリ。『梅園禽譜』より

さえずる鳥（鳴禽）は、胸の奥の気管支が分岐するあたりに「鳴管（めいかん）」という発声のための独自器官をもっている。ヒバリが小さな体でありながら大きな音量でさえずることができるのは、その鳴管が鳴禽の中でも特に発達しているためだ。

なお、ヒバリの名前の由来としては、晴れた日、空高く上がって鳴くことから、「日晴」＝「ひばり」と呼ばれるようになったという説が有力である。

ツグミもヒバリも悲しい歴史を背負う

かつて、小鳥を食べる文化があったことをご存じだろうか。

マガモなどに代表されるカモ類は、縄文時代以降、今にいたるまでずっと食べられてきた。トキやツルは絶滅するまで、あるいは絶滅寸前まで食用とされたことは記憶に新しい。

実は、大型の鳥だけでなく、小鳥類もその対象となっていた。特にツグミとヒバリは、美声の陰で、美食の対象、タンパク源として貴重な存在とみなされてきた歴史をもつ。

ツグミは冬場、かすみ網などを使って大量捕獲された。第二次世界大戦の最中や前後の食料難の時代には、とりわけ多くのツグミが捕獲されて食料にされている。その時代には、一冬に４００万羽のツグミが捕獲された記録さえあるという。

越冬地に着くまで、数百から数千という単位の大きな群れを保つツグミは、大量捕獲に向いていたうえ、スズメなどの小さな鳥に比べて肉の量も多かった。中国の本草書の影響を受けて書かれた国内の本草書には、小鳥類ではもっとも美味と記されていた。そのため、鳥獣保護法が改正されて野鳥の捕獲が全面禁止されるまで、ツグミの捕獲は続いた。

ツグミを食べた古い時代の記録としては、室町時代中期の役人、中原康富（なかはらのやすとみ）の日記『康富記（やすとみき）』（1408～1455年）の中の記述がある。1449年の日記に、「朝食を賜う。鶫を賞翫也」とあるように、もてなしの食材として供されていたようだ。『和漢三才図会』にも、「京都ではいつも除夜にこれを炙（あぶ）って食べて祝例としている」とある。『和漢三才図会』はヒバリについても触れていて、ヒバリは冬になると脂肪がついて動きも鈍くなることから捕まえやすいと記したうえで、「味は甘く脆く、骨は柔らかで脚もいっしょに食べられる。これを上饌に供えて大へん賞味される」とある。江戸時代おいては、ヒバリを小鳥の中でもっとも美味と紹介する書籍もあった。平安時代から室町時代には、天皇の食卓にも上がっていたことがわかっている。

鳥については華やかな面だけでなく、こうした負の側面、負の歴史が存在したことも、忘れてはならないと思う。

芝生や背の低い草地など、地上を歩く姿をよく見るが、庭木に実った果実なども美味しそうに食べる。撮影:永井陽二郎

ツグミ

スズメ目ヒタキ科　　冬鳥／旅鳥

鳴き声:クワックワッ、クイィクイィ、ツィー、など ／春先のぐぜりは、ポピリョン ポピリョン ギーッ、など

体長:24cm。ムクドリとほぼ同じサイズ

頭頂部から肩、背にかけては灰黒色。頬、耳羽も黒。風切羽は栗茶色で、尾羽は黒褐色。喉、眉斑はクリーム白色。体下面の羽毛は黒褐色だが、それぞれの羽毛の縁が白く、その面積が大きいため、全体的には白っぽく見える。雌雄の色は近いが、オスの方が配色のコントラストが大きい傾向がある。ただし、ツグミの羽毛色は個体差がかなり大きいため、色での見分けは事実上困難だ。

北極圏を除いたシベリア東部・中部で繁殖し、日本や台湾、中国南部、ミャンマーなどで越冬する。そのため日本には一時の滞在だけで、さらに南下を続ける旅鳥も多い。日本では冬場、平地の林、農耕地、草地、都市公園などのひらけた環境に生息する。

ヒバリ

スズメ目ヒバリ科　　留鳥(北海道では夏鳥)

鳴き声:ピュルリ ピュルリ、ピーチュクチュクチュク、ピールル、など複雑にさえずる

体長:17cm。スズメよりひと回り大きい

スズメよりもわずかに大きいサイズだが、よく身が詰まった丸みを帯びた体格のため、体長以上に大きく見える。足が長く、重心が高いせいでもある。頭部、および体上面は茶褐色で、黒褐色の斑がある。頬は淡い褐色で、体下面はかすかに褐色味を帯びた白。胸と脇は淡い茶褐色で、黒褐色の縦斑がある。雌雄同色。頭部には冠羽がある。冠羽をよく立てているのはオスで、メスはほとんど立てない。

広くユーラシアに分布するが、日本からスペインに至る細い帯状のエリアに暮らすヒバリは留鳥としてその土地に留まる。それより北および南は、夏鳥、または冬鳥となる。

日本では草地、農耕地、牧草地、河川敷などに暮らす。

ヒバリは高い空で声を響かせるほか、草地の中の少し高くなっている場所でさえずる姿も見る。撮影:谷修二

あとがきにかえて　ワカケホンセイインコが日本の鳥になる日

江戸時代以降、日本はさまざまな鳥を大量に輸入してきた。ピークは江戸時代中期から後期、そして戦後昭和にあった。

今、沖縄地方に、ジュウシマツの原種であるコシジロキンパラが生息しているが、もともと沖縄にはいなかったはずの鳥であり、江戸時代、「十姉妹（じゅうしまつ）」や「檀特（だんどく）」の名で知られていたこの鳥が、中国船によって日本に運ばれた際、寄港地であった沖縄（琉球）で一部が逃げて定着した可能性が指摘されている。

江戸時代には、大名や旗本、大商人から町民・農民までがこぞって鳥を飼うほどの大きな鳥飼いブームがあった。主役はウソやヤマガラやスズメなどの国内産の野鳥だが、海外から輸入された鳥のうち、日本で繁殖に成功したものも飼われる鳥の一翼を担っていた。

そうした海外産の鳥の主役がブンチョウであり、日本でコシジロキンパラを品種改良して生まれたジュウシマツであり、カナリアだった。特に小さくて繁殖の容易なジュウシマツは、人々に好まれたこともあり、原種の輸入が加速した。

昭和30年代の鳥ブームの陰で……

そして、江戸から明治、明治から大正と時が流れた昭和の30年代に、飼い鳥のブームがまた起こる。ジュウシマツやブンチョウやセキセイインコといったオーソドックスな鳥が多かった一方で、色鮮やかなインコなど、ほかの人が飼っていない珍しい鳥を求める人間も少なからずいた。

ホンセイインコの亜種であるインド・スリランカ産のワカケホンセイインコや、インドから東南アジアの陸部に生息するダルマインコなどもそうした鳥の一種だった。ワカケホンセイインコの江戸期の輸入記録は見つけられないが、ダルマインコは江戸時代にも輸入され、その姿が描かれた絵も複数残っている。

そもそもインコの日本への渡来は古く、『日本書紀』よれば、最初の記録は飛鳥時代、大化の改新直後の大化3年（647年）のこととなる。記録ではオウムとあるが、状況から見て、それはおそらくインコだったと推察される。この時代はまだ、「インコ」という言葉がなかったため、インコ・オウムをあわせて、すべてが「オウム」と記されていた。

よく知られた正倉院の宝物の「螺鈿紫檀阮咸（らでんしたんのげんかん）」や「螺鈿紫檀五弦琵琶（らでんしたんのごげんびわ）」にも、装飾の

ダルマインコ。『百鳥図』より

ひとつとしてオウム・インコ系の鳥の姿があるが、冠羽も見られないことから、これも実際にはオウムではなくインコ（おそらくはホンセイインコ系）と考えられる。

平安時代に清少納言が耳にした宮中のオウムもおそらくインコであり、それからおよそ２００年後に藤原定家が見た鳥もインコだった。定家はその鳥の色を「青」と書き、果実などを食べると記している。

この時代の「青」は、青葉の青と同じで、実際は「緑」を指している。しかし、オウムには青や緑のものはいない。定家が見たインコも、アジア産のワカケホンセイインコかその近縁種だった可能性がある。つまり、過去の日本には何度もインコが来ていたが、そこには緑色をしたホンセイインコの亜種が含まれていた可能性がかなり高いと

桜の花をむしるワカケホンセイインコ。撮影:タカヤン(photo creator)

考えられるのだ。

今、日本では、関東を中心に、緑色で尾の長い(体長40センチメートルほどの)ワカケホンセイインコが多数、暮らしている。1960年代前半に籠脱けした鳥や、うるさい声や主張の強い性格に飼い主が耐えられなくなり、どうしても飼いきれなくなって外に逃がされた鳥(一部は販売業者が意図的に放したとされる)が定着したものだ。彼らは日本の野鳥に混じって繁殖し、今も少しずつ生息域を拡げている。

同種、近縁種が過去に何度も日本に来ていたのも縁なら、こうした種が日本の気候に馴染みやすかったのも縁。意図的に放たれたことに問題はあるが、日本に定着してしまったのも縁なのかもしれないと、今年の秋、2軒隣の庭で、つがいらしきワカケホンセイインコが柿の実を食べるのを見て、そんなふうに思うようになった。

だれも外来種と騒がないが、埼玉県越谷市・新座市から千葉県松戸市、茨城県つくば市、栃木県小山市などが含まれる直径50～60キロメートルのエリアに暮らすシラコバトは、江戸時代、鷹狩りの対象とするべく輸入され、放された鳥がその地に定着したものだ。外来の種であるにもかかわらず、日本の鳥とされ、国の天然記念物にも指定されている。

ワカケホンセイインコの定着が進んで50年以上が経ち、彼らがいる景色も日常の一部になりつつある。シラコバトとはだいぶ状況がちがうものの、あと100年も経てば、このインコも日本で受け入れられて、日本の鳥となっていくのかもしれない。

あと50年もすれば、日本のワカケホンセイインコは、すべての日本人にとって、「自分が生まれる前から日本にいた鳥」になってしまうのだから。

最後に、本書に写真を提供してくださった多くの方に深い感謝をお伝えしたい。

なお、本書に掲載した江戸時代の鳥の絵は、すべて国立国会図書館、古典籍資料のものである。

『鵜飼』可児弘明著（中公新書、1966年）
『ヤマガラの芸』小山幸子著（法政大学出版局、1999年）

【江戸期資料】

『喚子鳥』蘇生堂主人著（宝永7年：1710年）（『雑芸叢書（2巻）』（国書刊行会、1915年）収録）
『諸禽万益集』左馬介・源止竜著（享保2年：1717年）国立国会図書館
『飼鳥必要』比野勘六著（寛政12年前後：1800年）国立国会図書館
『梅園禽譜』毛利梅園著（天保10年序：1839年）国立国会図書館
『豊文禽譜』水谷豊文著（1810年頃）国立国会図書館
『啓蒙禽譜』前田利保著（1830年頃）国立国会図書館
『華鳥譜』服部雪斎著（文久元年：1862年）国立国会図書館
『飼籠鳥』佐藤成裕著（文化5年：1808年）国立国会図書館
『春鳥談』隅田舎主人著（弘化2年：1845年）国立国会図書館

このほか、日本鳥学会学会誌、『BIRDER』（文一総合出版）をはじめ、多くの書籍、古典資料、論文、記事（webを含む）などを参考にしています。

おもな参考文献

『決定版　日本の野鳥650』写真：真木広造／解説：大西敏一・五百澤日丸（平凡社、2014年）
『日本の野鳥』叶内拓哉・安部直哉・上田秀雄著（山と渓谷社、1998年）
『図説　日本鳥名由来辞典』菅原浩・柿澤亮三編著（柏書房、1993年）
『資料　日本動物史』（新装版）梶島孝雄著（八坂書房、2002年）
『日本動物大百科　第3巻　鳥類I』日高俊隆監修（平凡社、1996年）
『日本動物大百科　第4巻　鳥類II』日高俊隆監修（平凡社、1997年）
『古事記　上代歌謡』（日本古典文学全集1）荻原浅男／鴻巣隼雄 校注・訳（小学館、1973年）
『都市の鳥類図鑑』唐沢孝一著（中公文庫、1997年）
『動植物ことわざ辞典』高橋秀治著（東京堂出版、1997年）
『動物信仰辞典』芦田正次郎著（東京堂出版、1999年）
『鳥の博物誌』国松俊秀著（河出書房新社、2001年）
『世界一おもしろい日本神話の物語』鳥遊まき著（こう書房、2006年）
『鳥を識る』細川博昭著（春秋社、2016年）
『大江戸飼い鳥草紙』細川博昭著（吉川弘文館、2006年）
『身近な鳥のふしぎ』細川博昭著（SBクリエイティブ、2010年）
『スズメ　つかず・はなれず・二千年』三上修著（岩波書店、2013年）
『ツバメのくらし百科』大田眞也著（弦書房、2005年）
『新装版　江戸語大辞典』前田勇編（講談社、2003年）
『万葉の鳥』山田修七郎著（近代文藝社、1985年）
『万葉の鳥、万葉の歌人』矢部治著（東京経済、1993年）
『本朝食鑑』（2巻・3巻）人見必大著、島田勇雄訳注（平凡社『東洋文庫』、1978年）
『和漢三才図会』寺島良安著、島田勇雄ほか訳注（平凡社『東洋文庫』、1987年）
『犬は「びよ」と鳴いていた』山口仲美著（光文社新書、2002年）
『伝書鳩　もうひとつのIT』黒岩比佐子著（文藝春秋、2000年）
『鳥脳力』渡辺茂著（化学同人、2010年）

イースト新書Q

Q038

身近(みぢか)な鳥(とり)のすごい事典(じてん)

細川博昭(ほそかわひろあき)

2018年1月20日　初版第1刷発行
2023年4月18日　　　第4刷発行

イラストレーション　安部繭子
発行人　永田和泉
発行所　株式会社イースト・プレス
東京都千代田区神田神保町2-4-7
久月神田ビル　〒101-0051
Tel.03-5213-4700　fax.03-5213-4701
https://www.eastpress.co.jp/
ブックデザイン　福田和雄（FUKUDA DESIGN）
印刷所　中央精版印刷株式会社

ISBN978-4-7816-8038-5